SCi

F-2の科学

知られざる国産戦闘機の秘密

青木謙知/著
赤塚 聡/写真

SB Creative

著者プロフィール

青木謙知（あおき よしとも）

1954年12月、北海道札幌市生まれ。1977年3月、立教大学社会学部卒業。1984年1月、月刊『航空ジャーナル』編集長。1988年6月、フリーの航空・軍事ジャーナリストとなる。航空専門誌などへの寄稿だけでなく新聞、週刊誌、通信社などにも航空・軍事問題に関するコメントを寄せている。著書は『徹底検証! V-22オスプレイ』『ユーロファイター タイフーンの実力に迫る』『第5世代戦闘機F-35の凄さに迫る!』『自衛隊戦闘機はどれだけ強いのか?』『F-22はなぜ最強といわれるのか』（サイエンス・アイ新書）など多数。日本テレビ客員解説員。

カメラマンプロフィール

赤塚 聡（あかつか さとし）

1966年、岐阜県生まれ。航空自衛隊の第7航空団（百里基地）で要撃戦闘機F-15Jイーグルのパイロットとして勤務。現在は航空カメラマンとして航空専門誌などを中心に作品を発表するほか、執筆活動やDVDソフトの監修なども行っている。日本写真家協会（JPS）会員。おもな著書は『ドッグファイトの科学』（サイエンス・アイ新書）。

本文デザイン・アートディレクション：株式会社ビーワークス
イラスト：青井邦夫
校正：曽根信寿

はじめに

いうまでもなく、日本は完全な島国です。あたり前のことですが、国土の全周を海に囲まれた島国は、陸地で接する隣国がありませんので、真の意味での国境線が存在しません。実はこのことは国の防衛にとって、とても大きな意味があるのです。

ロシアや中国のような、大陸にあって広大な面積を有する国は、接する隣国との間に引かれる国境線もまた、極めて長くなります。そして、それを切れ目なく完全に監視し続けるには、膨大なエネルギーが必要となり、現実的には不可能です（相手国にも同じことはいえます）。

仮に隣国が国境を突破して攻め込もうとした場合、地形などでそれが不可能な場所はもちろんありますが、理屈でいえば、攻める側はどこからでも進撃できます。また、そのための部隊の集結などを秘密裏に進めることができますし、必要があれば地下にトンネルを掘って準備することもできますから、**ほぼ完璧な奇襲作戦を、事前に察知されることなく実施することができます**。

これに対し、攻撃側が島国に兵や軍を送り込む作戦は、大まかにいうと空挺作戦か上陸作戦しかありません。島国に対するものではありませんでしたが、連合軍が第二次世界大戦時のヨーロッパで、大陸のナチス・ドイツに仕掛けた最終作戦は、空挺作戦と上陸作戦を組みあわせたもので、実際にノルマンディへ上陸しました。

上陸作戦を成功させるのは難しい？

このナチス・ドイツに対する作戦全体は、ある種の奇襲作戦ではありました。しかし、特に上陸作戦については、ドイツが読み間違いをしたことが奇襲になった1つの要因であり、一般的に上陸作戦を奇襲で行うことは困難です。

その最大の理由は、戦力をいったん、さえぎるもののない洋上に集めなければならないからです。この場合、洋上の活動は、どうしても相手に察知されてしまいます。

こうしたことから、自国内部への侵攻に対する防衛は、陸続きよりも島国のほうがやりやすく、一般的には「防衛力の構築も容易」といわれています。

しかし歴史を振り返ると、**上陸作戦は仕掛けた側が常に勝利**しています。第一陣が上陸に成功して橋頭堡を確立すると、あとはそこから進撃を続けて相手を撃破しています。前記のノルマンディもそうですし、第二次世界大戦時に南太平洋の島々で繰り広げられた戦いも、南大西洋で勃発したフォークランド紛争も、上陸を仕掛けた側が勝利しています。

すなわち守る側にとっては、**後続部隊はもちろん、第**

一陣の上陸をも成功させないことが鍵になるのです。

F-2最大の任務は上陸部隊の殲滅

これを可能にする1つの方法は、目的地の沖合に上陸部隊が集結しているところを攻撃して、上陸活動自体を開始できないようにすることです。そのためには上陸部隊を支援する艦隊の防空圏の外側から、航空機によりその艦隊を攻撃できる能力が必要です。

日本においてこれは航空自衛隊の任務であり、そのために1970年代後半から、空対艦ミサイルを運用できる支援戦闘機が配備されています。本書のテーマである三菱F-2は、その支援戦闘機の最新鋭機です。

F-2は、航空自衛隊の次期支援戦闘機（FS-X）計画から誕生したものですが、その決定までには紆余曲折があり、既存の実用戦闘機であるF-16をベースに、日米が協力して新技術を取り入れるなどして開発されました。

もちろん、実用化後の戦闘機が改修されて能力向上が行われること自体はめずらしくありませんし、今日のスーパー・ホーネットは、ホーネットを大型化・能力向上したものですから、その点ではF-2と同じです。

ただ通常、こうした発展は開発メーカーが行うもので、F-2のように「**オリジナルのメーカーと発展型の主契約者が別のメーカー**」というのは、ほかに例がありません。それだけ、次期支援戦闘機計画の作業が大変だったことがわかります。

F-2はこれからも発展していく

F-2は、21世紀に入って実用配備が開始されたものですが、早くも10年余りが経過しています。この間にいろいろと改良され、それについても本書で解説しました。また、F-2はしばらくの間、航空自衛隊の主力戦闘機の1つであり続けなければなりませんから、能力向上のための改修などがこれからも続けられるでしょう。

F-16をベースにしたことで、F-2にはオリジナリティがないようにも見えますが、こうした改良と発展には多くの日本の独自技術が使われており、F-2を独自性の高いユニークな戦闘機にしています。加えて、搭載する空対艦ミサイルや空対空ミサイルも国内開発品なので、この点でも**独自性の高い戦闘機**といえます。

F-2の全体像をまとめた本書に、F-2や航空自衛隊機の撮影を続けているカメラマンの赤塚 聡氏から写真の提供を快諾していただけたことは、望外の喜びでした。赤塚氏の写真が本書の価値を高めていることは、ご覧いただければおわかりでしょう。なお、本書内の写真で、撮影者および提供者が記されていないものは、すべて赤塚氏の撮影によるものです。最後になりましたが、本書の執筆にあたっては、科学書籍編集部の編集長である益田賢治氏と担当編集の石井顕一氏に様々なアドバイスをいただきました。この場をお借りしてお礼申し上げます。

2014年3月　青木謙知

F-2の科学

知られざる国産戦闘機の秘密

CONTENTS

SB Creative

CONTENTS

第1章

F-2の基礎知識

ここではF-2のもととなったF-16とはどのような戦闘機で、F-2ではどのような改造が盛り込まれたのかなど、F-2の基礎を説明していくことにします。

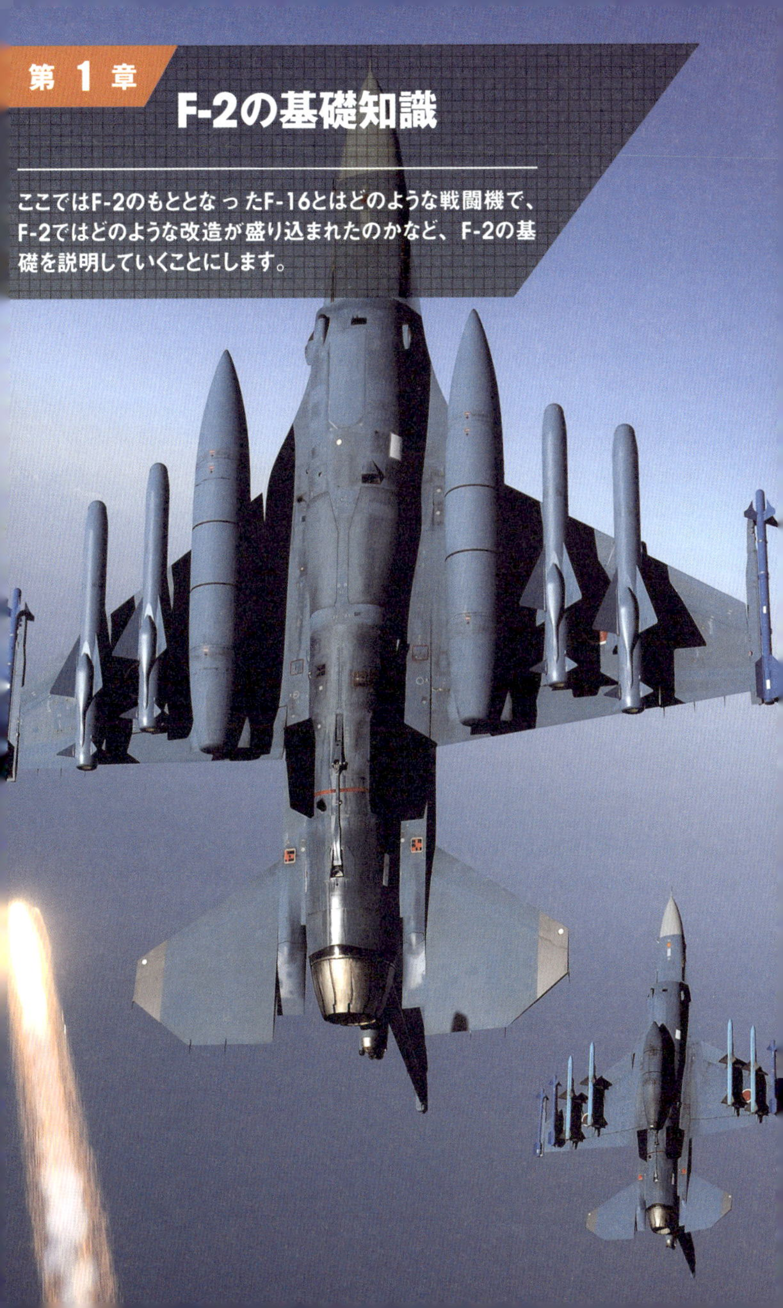

F-2は実質的に多用途戦闘機
—マルチロール・ファイターとしての性能をもつ

航空自衛隊の戦闘機は1976年以来、**支援戦闘機**と**要撃戦闘機**に分けられて、部隊が整備されてきました。このうち支援戦闘機については、3個飛行隊で約100機を装備するとされ、これに対して要撃戦闘機は、10個飛行隊で約330機の装備と定められていました。

今日では、この要撃戦闘機部隊と支援戦闘機部隊の区分けは廃止され、全部で13個飛行隊となり、作戦用航空機は約360機（うち戦闘機は約280機）になっています。F-2はまだこの区分けが残っているときに開発・配備が進められた「支援戦闘機」です。

支援戦闘機の主要な任務は2つあります。1つは日本に対し着上陸侵攻しようとする外敵の上陸部隊（支援艦艇も含む）の撃破です。もう1つは上陸などによる地上戦闘の際、陸上部隊へ近接航空支援を提供することです。このため支援戦闘機には**高い対艦攻撃能力と対地攻撃能力が不可欠**となりますが、航空自衛隊では防空任務にも使用するので、高い**空対空戦闘能力も必要**になります。これはまた、敵の航空脅威から身を守るのにも役立ちます。

こうした能力を兼ね備えるということは、今日でいう多用途戦闘機（マルチロール・ファイター）と同じもので、さらにF-2には、そのどの分野についても第一級の作戦能力をもつことが要求されました。これを実現できたことが、前記した戦闘機の区分け廃止を可能にした一因でもあります。

「支援」戦闘機という名称は、補助的な役割の戦闘機を連想させますが、特に四方を海に囲まれていて、着上陸阻止を含めた洋上防衛が重要な日本においては、必要不可欠な装備なのです。

航空自衛隊の支援戦闘機には、対艦攻撃や対地射爆撃など、各種の攻撃作戦能力を有していることが求められるうえ、高い空対空戦闘力も必要だ。写真のF-2は手前から、ASM-2空対艦ミサイルによる対艦攻撃任務仕様、誘導爆弾による精密爆撃任務仕様、空対空ミサイルによる空戦任務仕様の各形態である

01-02 要撃戦闘機と支援戦闘機とは？

―支援戦闘機として計画されたF-2

航空自衛隊の最大の任務は、敵の航空攻撃から日本を守ることであり、このため脅威となる航空機の来襲を常に警戒・監視し、必要に応じて適切に対処できる装備を保有することが求められています。ひらたくいえば「**常に日本の周辺空域をレーダーなどにより監視していて、侵略してくる航空機などがあればそれを撃破する**」ということです。

撃破のための具体的な装備が地対空ミサイルであり、また戦闘機です。このように防空がより優先度の高い任務ですから、航空自衛隊の戦闘機の装備も、まず要撃戦闘機から進められました。第5章にも記しますが、支援戦闘機の必要性が検討されるようになったのは、十分な機数の要撃戦闘機が揃ったことで、保有戦闘機数に余裕ができたからでした。

新たに装備されることになった支援戦闘機はその任務から、本来ならば戦闘爆撃機あるいは戦闘攻撃機と呼んでもおかしくありませんが、「攻撃や爆撃という言葉が専守防衛を国是とする日本の部隊の名称にふさわしくない」と指摘されました。そこで近接航空支援という言葉から「支援」だけを抜きだして、支援戦闘機という言葉がつくられたのです。

なお、近接航空支援に対艦攻撃は含まれないので、その点からも支援戦闘機という用語は正確さを欠いています。いわゆる政治的配慮が生みだした、日本独特の名称ですが、国内では完全に定着しています。

ちなみに英語では通常、そのままSupport Fighter（略号はFS）と訳されています。

視程外射程（BVR）空対空ミサイルであるAIM-7スパローを4発、視程内射程（WVR）空対空ミサイルであるAAM-3を4発搭載したF-2。このWVRとBVR空対空ミサイル各4発という搭載能力は、F-4EJやF-15Jと同じである

science of F-2
01-03

F-2に求められたものは？
—最大の任務は空対艦攻撃

航空自衛隊の支援戦闘機に課せられた最大の任務は、空対艦攻撃です。このため、独自に戦闘機搭載用の空対艦ミサイルが開発されています。F-2も当然このミサイルを搭載できる能力が必要とされ、さらにかぎられた機数で最大限の防衛力を発揮できるようにするため、一度に最大で4発を携行できることが求められました。

加えて、敵の揚陸母艦などが、沖合離れた場所を拠点とした場合などへの対応を可能にするよう、空対艦ミサイル4発を搭載した状態で450浬《かいり》（833km）の戦闘行動半径を有することも必須の条件とされました。

空対空戦闘力では、F-15と同等までは必要ないものの、F-15に匹敵する空対空ミサイルの運用能力が要求されました。レーダー誘導の視程外射程（BVR）と赤外線誘導の視程内射程（WVR）双方の空対空ミサイルを運用でき、それぞれ2～4発を搭載できるというものです。ただ、空対艦ミサイルとBVR空対空ミサイルについては、同時に携行できなくていいともされました。

このほかには、当時の支援戦闘機用に装備されていた兵装類をひととおり搭載できることが必要でしたが、さらに今後実用化される新型の兵器も運用可能にしたり、長期に渡る運用期間において、新たに出現するであろう脅威に対応し続けられる潜在的な発展性を備えていることも求められていました。

これらを簡単にまとめると、F-1（05-05参照）をはるかにしのぐ支援戦闘機としての能力と、F-4EJやF-15Jに匹敵する空戦能力を兼ね備えるということです。

航空自衛隊の要撃戦闘機の主力は、もちろんF-15Jである。現在は、7個の実戦作戦飛行隊が配備されている。また、近年の南西方面重視の防衛政策から、那覇基地（沖縄県）への配備が、現在の第204飛行隊1個飛行隊態勢から、2016年3月末までには、第304飛行隊を加えた2個飛行隊態勢となる

93-8549

編隊飛行する三沢基地第3航空団所属のF-2A。第3航空団は、F-2の2個飛行隊による航空自衛隊で唯一のF-2航空団である。手前が第3飛行隊の所属機で、奥が第8飛行隊の所属機だ

01-04

F-2のもとになったのはF-16
—F-4に次ぐベストセラー戦闘機

F-2が誕生するもとになった、次期支援戦闘機（FS-X）計画については第3章で記しますが、最終的にはアメリカ空軍が戦闘爆撃機として装備していたジェネラル・ダイナミックス（現ロッキード・マーチン）の**F-16ファイティング・ファルコンに、日米の新技術を取り入れて改造・開発**することになりました。よりくわしくいえば、F-16C/Dブロック40というタイプです。

ここから少しの間、F-2のベースとなったF-16について見ていくことにします。

F-16はアメリカ空軍の、F-15を補佐する空戦戦闘機（ACF）で、1975年1月に採用が決まったものです。コンピュータ制御のフライ・バイ・ワイヤ操縦装置を装備した最初の実用機であり、また操縦桿をパイロットの正面ではなく、操作する右手で握りやすい位置に置くサイド・スティック方式などをはじめて使用した機種でした。そのほかにも、主翼と胴体をなめらかな曲線で結んだブレンデッド・ウイング・ボディ設計など、**当時の各種の最新技術を積極的に取り入れた、斬新かつ野心的な戦闘機**でもありました。

空対空戦闘と空対地攻撃能力を兼ね備えたF-16は、F-4ファントムⅡの後継機となり、アメリカ空軍の装備機数はF-15をはるかに上回ることになりました。これによりF-15を補佐するどころか、主力戦術機の座に就くことになったのです。

F-16は実用化後も発展を続け、比較的安価に高い能力の戦闘機を装備できることから、アメリカ以外にも26カ国が装備していて、受注総数が4,500機を超す、近年最高のベストセラー戦闘機になっています。

FS-X計画は最終的に、F-16C/Dの当時の最新型ブロック40/42（写真はブロック40D）をベースに改造・開発することとなったが、レーダーをはじめとする搭載電子機器類は、完全に変更することになった
写真提供／ロッキード・マーチン

F-16誕生の道のり
—高性能だが高すぎるF-15を補う戦闘機として

アメリカでは1970年代に、「能力は高いものの高額で、必要な機数を揃えるのに膨大な経費が必要なF-15と、能力は劣るものの安価な小型軽量戦闘機を組みあわせることで必要な機数を揃える」という、**ハイ・ロー・ミックス**という考え方がでてきました。この「ロー」を受けもつ機種として装備されることになったのがF-16でした。

F-16の試作機となったYF-16は2機がつくられて、初号機は「公式には」1974年2月2日に初飛行しました。「公式には」と表現されるのは、1974年1月21日に行った高速滑走試験の際に危険なほど増速してしまい、パイロットが事故を回避するため機体を離陸させていたからです。しかしこれは予定外の飛行だったため、この日の飛行は正式な初飛行とはされていません。

YF-16は、ノースロップ(現ノースロップ・グラマン)が研究・設計したP.530コブラを発展させた戦闘機の試作機であったYF-17との、実際の飛行試験による比較審査を受けて採用されました。

YF-16は、一連の飛行試験で、速度マッハ2以上、上昇高度60,000フィート(18,288m)以上の飛行性能を実証し、燃料満載時の最大荷重を6.5Gに設定して設計されていたのですが、**燃料を少し減らせば9Gで飛行できることも証明して、全体的にYF-17よりも高い評価を得た**のです。

この2機種はその後、海軍の空戦戦闘機(NACF)計画でも採用を競うことになります。こちらでは双発機の優位性などからYF-17が勝利して、艦上戦闘攻撃機F/A-18ホーネットとして装備されました。

F-16の試作機であるYF-16。2機がつくられており、写真奥が初号機。手前の2号機は、1974年3月9日に初飛行した。垂直尾翼には「F-16」としか書かれていないが、この機体もYF-16である。飛行比較審査では、あらゆる項目で競争相手のYF-17に対してすぐれた能力を示し、圧勝で採用を決めたといわれている
写真提供／ロッキード・マーチン

01-06 F-16の進化①

—F-16の各タイプとブロック化

F-16の最初の量産型が、F-16A（単座）とF-16B（複座）ですが、F-16では最初から段階（ブロック）を設けて能力向上を進めていくことが計画されていました。F-16A/Bはブロック1から15までの4段階（1、5、10、15）でしたが、細かな設計変更が加えられただけでした。

大きく変わったのがブロック25で、レーダーの能力が大幅に向上しました。これによりAIM-7スパローBVR空対空ミサイルの運用能力が加わり、F-16は本格的な全天候戦闘機となったのです。また型式名称も、F-16C/Dに変わりました。

F-16は、主力戦闘機であるF-15との共通性を確保するため、エンジンには同じプラット＆ホイットニーF100ターボファンを装備していました。しかし、エンジンになにか根本的な問題が発生すると、その影響が全戦闘機におよんでしまうことや、エンジン供給の能力などから、複ソース化が望ましいとされました。

そのため、F-16C/Dからは、代替エンジンとして「ジェネラル・エレクトリックF110の装備も可能にする」こととされたのです。このため胴体のエンジン取り付け部には、共通エンジン・ベイという設計が取り入れられています。

また、攻撃用の搭載可能兵器に、対レーダー・ミサイルなどが追加されました。このエンジン選択可能型がF-16C/Dブロック30と総称され、細かくいうとF110装備型がブロック30、F100装備型がブロック32となります。以後、F-16はエンジンを選べるようになって、ブロック番号の下一桁「0」がF110装備型、「2」がF100装備型を示すようになりました。

エンジンを選択式にした最初のタイプであるF-16C/Dブロック30と32による編隊飛行。大きな設計変更はないが、F110エンジンのほうが大推力なので、そのエンジンを装備するブロック30は、見た目ではほとんどわからないものの、空気取り入れ口の開口部がわずかに広げられている

写真提供／ロッキード・マーチン

F-16の進化❷
―強化された攻撃能力

F-16C/Dを開発した大きな目的の1つが、攻撃能力の段階的な強化にありました。ブロック30/32に続いて開発されたブロック40/42では、ナイト・ファルコンとも呼ばれるように、夜間の作戦能力が強化されることになりました。その鍵となった能力向上が、**夜間低高度航法および目標指示赤外線（LANTIRN）ポッドの携行能力の付与**です。

AM/AAQ-13航法ポッドとAN/AAQ-14目標指示ポッドの2本一組で構成されるLANTIRNは、夜間でも正確で安全な低高度飛行を可能にし、赤外線センサーにより地上の攻撃目標を捕捉できる装置です。コクピットの各種表示装置も、LANTIRNの情報を映しだせるよう改修され、さらには暗視ゴーグルを使用できるようにするための照明も備えます。また搭載兵器では、ペイヴウェイ・シリーズのレーザー誘導爆弾について完全な運用能力がもたされており、精密攻撃が可能になっています。

別項でも何度か記していますが、F-16をもとにF-2を開発することが決まった時点で、F-16の最新型がブロック40/42だったので、このタイプがベースになっています。ただF-2には対艦攻撃能力が求められており、さらにアメリカ空軍と航空自衛隊が装備している攻撃用の兵器類はまったく異なるため、**レーダーや兵器関連の電子機器は完全に変更**されています。

F-16A/Bを導入したNATO 4カ国（ベルギー、デンマーク、オランダ、ノルウェー）は、寿命中近代化（MLU）改良でのレーダー換装によりAMRAAMの運用能力をもたせるなど、空対空戦闘能力を向上させています。

F-16A/Bを導入したNATO4カ国（オランダ、ベルギー、デンマーク、ノルウェー）は、それらに寿命中近代化（MLU）能力向上改修を施して運用を続けている。MLUによりAIM-120 AMRAAMの運用能力が追加され、コクピットも画面式表示装置を使ったグラス・コクピットになった。MLU改修後の機体は、F-16AMおよびF-16BMと呼ばれている。写真はベルギー空軍のF-16AM
写真／青木謙知

F-16の進化③
—発展する初期型のF-16A/B

F-16C/Dが開発されるなか、初期型のF-16A/Bでもいくつかの能力向上が行われています。NATO向けは前項で記したとおりで、アメリカ空軍向けには別に、防空戦闘機（ADF）型が開発されました。**レーダーに継続波を照射して照準する機能**を追加したもので、これによってAIM-7スパローBVR空対空ミサイルを使用できるようになりました（後にAMRAAMも追加）。

加えてAN/APX-109発達型敵味方識別装置（AIFF）や秘話機能付きの無線機なども装備し、アメリカ空軍で本土防空を任務とする州兵航空隊の防空部隊に配備されました。F-16のADFでは新規製造は行われず、F-16A/Bからの改造だけが行われました。AIFFのアンテナは、キャノピーの前方に並列して4本が並んでおり（F-2は5本）、「バード・スライサー（鳥薄切り機）」というあだ名が付けられました。

F-16の輸出を長年希望してきたのが台湾です。台湾は1970年代末からアメリカに要求し続けていましたが、アメリカ政府は中

国との関係から台湾へのF-16の輸出を見合わせていました。しかし米中関係の変化から輸出が解禁となり、1996年からF-16A/Bの引き渡しが行われました。

このタイプはブロック20と呼ばれることになりましたが、基本的にはNATO 4カ国のMLU型と同様の能力をもつもので、BVR空対空ミサイルの運用能力を有し、グラス・コクピットを備えたタイプになっています。レーダーはMLU型のものよりも新しいAN/APG-66(V)3を装備していて、継続波照射機能が付いているため、AIM-7スパロー空対空ミサイルの運用も可能です。対電子妨害能力も高められました。

F-16の運用国に比較的最近加わったのがポルトガルで、1994年からF-16A/Bの装備を開始しました。これらは基本的にアメリカ空軍で余剰化し、保管されていたものですが、引き渡し前に完全な整備を行うとともに、NATO 4カ国のMLU仕様機と同等の能力向上が実施されています。

F-16A/Bブロック15を、防空任務専用型としたのがF-16 ADFで、AIM-7スパロー BVR空対空ミサイルの運用能力が加えられた。後にはさらに、AIM-120 AMRAAMも装備できるようになった。写真はユーロファイター導入計画の遅れを補うため、アメリカから34機のF-16A/B ADF(単座のA型が30機、複座のB型が4機)貸しだしを受け、イタリア空軍が運用したF-16A ADF。主翼端にAMRAAMを装着している。これらの機体は、2012年5月23日までに全機返却されている
写真／青木謙知

F-16の進化④
─脅威を一手に引き受けるワイルド・ウィーズル

F-16C/D最後の発展型となったのがブロック50/52で、本格的な**敵防空の制圧（SEAD）作戦能力**をもたせることが狙いでした。

戦闘機や攻撃機にとって大きな脅威となるのが、敵の警戒監視レーダーであり、またそれと密接な関係をもつ地対空ミサイルです。航空攻撃作戦を確実かつ安全に遂行するためには、攻撃部隊本隊の進出に先駆けて、それらによる防空網を破壊する必要があります。これがSEAD任務です。

アメリカ空軍はベトナム戦争以来、このSEAD任務専用の機種を装備しており、**ワイルド・ウィーズル（野イタチ）**とも呼ばれています。F-16はF-4ファントムⅡからこの任務を受け継ぐこととなり、その専用タイプとしてブロック50/52が開発されたのです。

搭載兵器にはAGM-88高速対電波源ミサイル（HARM）が加えられて、防空レーダーや地対空ミサイル誘導用のレーダーを直接攻撃することが可能です。

AGM-88自体は、それ以前のブロックの機体でも搭載できますが、HARMを有効に発射できるのは、目標がレーダー電波を送信しているときだけでした。ブロック50/52ではAN/ASQ-213 HARM目標指示装置（HTS）ポッドも携行できるようになって、攻撃の機会を増やしています。

また今日では、**共通仕様履行プログラム（CCIP）**が行われて、作戦行動用のソフトウェアがバージョンアップされるとともに、アメリカ空軍のブロック40/42とブロック50/52が同一仕様になって、両タイプが同じ作戦能力を有するようになっています。

F-16C/Dのブロック化能力向上の最終仕様であるブロック50/52。写真の機体は左右主翼下にAGM-88 HARMを搭載し、さらに空気取り入れ口右下にHARM目標指示ポッド（HTS）を、胴体下にAN/ALQ-184電子妨害（ECM）ポッドを装着した、完全な敵防空の制圧（SEAD）任務仕様である

写真提供／ロッキード・マーチン

F-16の進化⑤
—新タイプとして開発されたデザート・ファルコン

F-16C/Dのブロック60/62として研究されていたのが、今日のF-16E/Fデザート・ファルコンです。レーダーをアクティブ電子走査アレイ（AESA）式のAN/APG-80に変更したほか、各種の搭載電子機器をアップグレードしています。

機首のレーダー収納部の上には、AN/ASQ-28内蔵型前方監視赤外線目標指示装置（IFTS）が付いています。コクピットも新設計のグラス・コクピットが備えられて、カラーの移動地図などを表示できるようになりました。

胴体背部の中央が盛り上がっているのも特徴の1つで、そこに追加の電子機器が収められています。

そして、その盛り上がり部を挟む形で、胴体に密着させるコンフォーマル型燃料タンクを取り付けることができ、戦闘行動半径を拡大しています。各種の追加装備により重量が増加したため、エンジンもパワーアップ型になっています。

F-16のレーダーのAESAレーダーへの変更は、各国で研究されていて、ブロック52を装備している韓国でも、全機レイセオン社のレイセオン先進戦闘レーダー（RACR）に換装することを決定しました。

ノースロップ・グラマンもF-16を保有する各国に対して、スケーラブル敏捷ビーム・レーダー（SABR）というAESAレーダーを提案しています。このSABRは、F-35ライトニングⅡが装備しているAN/APG-81の技術を活用したものです。このSABRは、アメリカ空軍のF-16レーダー近代化計画と、台湾空軍のF-16レーダー換装計画で採用されました。

胴体上面にコンフォーマル型燃料タンクを装着しているF-16E。このデザート・ファルコンを導入しているのはアラブ首長国連邦だけで、単座型のF-16E 55機と複座型F-16F 25機を発注した。F-16で、能力向上などの改修ではなく新タイプとして開発されたのは、このF-16E/Fが最後である
写真提供／ノースロップ・グラマン

01-11

F-2のF-16からの改造箇所は？
—日本の最先端技術でF-16を徹底改造

防衛庁（現・防衛省）が1988年10月21日に、次期支援戦闘機（FS-X）をF-16の改造開発機に決定したことを発表したとき、あわせてその改造箇所を示したイラストを公表しました。

基本的には小型戦闘機であるF-16に、FS-X計画で求められた能力をもたせることを目的とした改造ですが、技術的な面でもそれまでのF-16には見られなかった大幅な変更が加えられることが示されていました。

なかでも注目されたのは、**複合材料の一体成型で製造される主翼と、先進の搭載電子機器を装備する点**でした。複合材料は炭素繊維強化プラスチック（CFRP）を使用するもので、今日ではお馴染みの存在となったこの材料も、当時はまだ航空機での使用比率は低く（F-16の機体フレームでの使用比率はわずかに3％で、80％がアルミ合金）、さらに、主翼をその素材で一体成型するというのは画期的なことでした。これにより必要な強度を有しつつ、機体の構造重量を軽減することが可能になりました。

搭載電子機器のなかで、**アクティブ・フェイズド・アレイ・レーダー**とあるのは、今日ではアクティブ電子走査アレイ（AESA）レーダーと呼ばれるものです。これも今日の新型戦闘機では装備が常識化していますが、当時は世界各国でまだ開発段階にあったもので、**F-2はそれをいち早く実用化**することを目指しました。

そしてこれらの技術分野は、日本が得意とする分野でもありましたから、その実現可能性にも自信はありました。こうしてF-2は、F-16に日本の最先端の独自技術を組みあわせた独特の戦闘機となったのです。

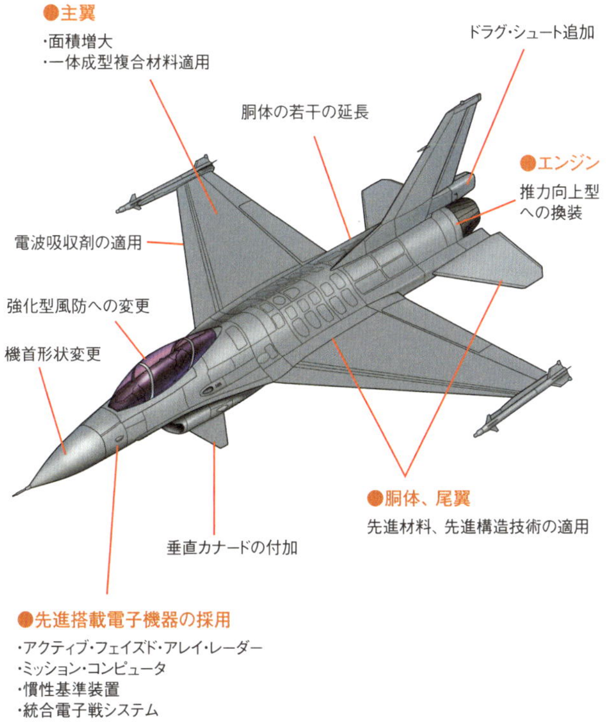

計画発表時に示された、F-16への改造・変更箇所

01-12 T-2 CCVとカナード翼
—カナード翼なしでも運動能力が向上

前ページの図の中にある、**垂直カナードの付加**は、少し説明が必要でしょう。1980年代当時、カナード翼は運動能力向上機(CCV)に必要な装備と考えられていました。日本でも、技術研究本部が超音速練習機T-2の3号機を改造し、T-2 CCVを製造して、様々な研究を行いました。

T-2 CCVは、左右の空気取り入れ口上部と前部胴体下に各1枚で、計3枚のカナード翼を装備し、高い機能性をもつデジタル式のフライ・バイ・ワイヤに変更、従来の操縦翼面と組みあわせることで、飛行姿勢を変えないでの上昇と降下、機体を傾けないでの旋回、機首下げ姿勢のままでの水平飛行など、**従来の航空機ではできない動きを可能**にしました。

T-2 CCVは1983年8月9日に初飛行し、1986年まで各種の試

験飛行に用いられました。そしてF-16を改造したFS-Xでもその成果を取り入れて、運動性を高めることが考えられたのです。機体の大きさや形状から、カナード翼を装備できる場所は空気取り入れダクト下面だけだったので、斜め下に向けて左右に取り付けることにしました。これはアメリカのF-16 CCV研究機と同じで、それを手本にしたものです。

しかしながら次項で記すように、その後の研究で、**カナード翼なしでも同じ運動性が得られる**とされたことから、最終的にカナード翼の装備は取り止めとなりました。効果に乏しいのであれば、カナード翼の装備は、重量や抵抗の増加を招くとともに、機体のシステムなどに複雑さが増すだけなので、これは当然の判断でした。

防衛庁（現・防衛省）によるCCV研究に用いられた、T-2改造CCV研究機。外形面では、左右空気取り入れ口部への水平カナード翼の装備、前部胴体下面への垂直カナード翼の装備などが大きな変更点。また、後席をつぶして電子機器の搭載スペースにあてている。T-2の3号機を改造したもので、1983年8月9日、CCV仕様で初飛行した。CCV研究の後も1998年まで、飛行開発実験団でテスト・パイロットの訓練機などとして使用された

運動性向上の方策
—広い主翼で自由自在に舞う

F-2には、対艦攻撃をはじめとする支援戦闘機としての作戦遂行能力が求められたのは当然ですが、あわせて高い運動性を有することも必要とされました。**主翼の大型化**は、空対艦ミサイルの携行を可能にし、燃料搭載量を増やすことを実現していますが、運動性を高めるのにも重要な要素で、これにより旋回性能などが高まっています。

戦闘機の運動性を測る1つの数値に、**翼面荷重**というものがあります。機体の重量を主翼面積で割った値で、面積あたりで支えている重量を示しています。**数値が小さいほど重量を支えるためのエネルギーは少なくてよく、より低速で旋回できます**。また、加重加速度が同じであれば、翼面荷重の数値が小さいほうがより小さい半径で旋回できることになり、運動性にすぐれた航空機になります。

最大離陸重量時のF-2の翼面荷重は634.33kg/m^{2}で、双発の大型機であるF-15Cの549.3kg/m^{2}や、Su-27P“フランカーB”の532.3kg/m^{2}に匹敵しています。また翼面積を増やす前のF-16Cの翼面荷重は778.6kg/m^{2}でしたから、かなり運動性が高まっていることがわかります。

F-16については1980年代はじめに、アメリカとNATOの4カ国も共同で運動性向上を研究しています。アジャイル(敏捷な、という意味)・ファルコンと名付けられたこの計画でも、主翼面積の増加が考えられ、その値はF-2の34.84m^{2}とほぼ同じ約35m^{2}でしたので、**F-16の運動性を高めるための主翼面積の増加は、この程度が目安**だったようです。

FS-X計画では当初、T-2 CCVによる運動性向上研究の成果を盛り込むことから、カナード翼の装備が考えられていた。しかし研究・開発が進むと、「飛行操縦コンピュータのソフトウェアによる制御で高い運動性を確保できる」とされて、カナード翼は装備されなかった。それでもF-2は、写真の高G旋回能力など、極めてすぐれた運動能力を獲得している

science of F-2

01-14

CCV機能の導入
―ソフトウェアで高い運動能力を実現

01-12で記したように、F-2では計画していたカナード翼の装備を取り止めましたが、CCV(運動能力向上機)と同様の飛行能力は備わっています。F-2の飛行操縦装置は、デジタル式のフライ・バイ・ワイヤというコンピュータ制御システムで、そのソフトウェアにそうした機能が書き込まれているのです。

この飛行操縦装置のソフトウェアによる操縦機能を**飛行制御則**といいます。F-2の飛行制御則は以下で構成されています。

1. **縦CCV制御則**
2. **横・方向CCV制御則**
3. **オートパイロット(自動操縦)制御則**
4. **ディグレーデッド(機能低下)制御則**
5. **バックアップ(予備)制御則**

各制御則とモードの詳細は01-15の表のとおりです。これらの飛行制御則によって、**カナード翼がなくてもCCVで可能となる運動を実現**しています。

F-2のフライ・バイ・ワイヤ操縦装置は、パイロットによるスティック・グリップ(操縦桿)と方向舵ペダルの操作、各種センサーが検出した機体の運動情報から、飛行操縦コンピュータが最適な舵の作動量を算出して操縦翼面(水平尾翼、フラッペロン※、方向舵、前縁フラップで構成)を動かすというものです。

実際の操縦翼面の作動には油圧が用いられ、作動油の圧力はF-16と同じ20.69MPaが用いられています。今日ではより高圧な

※ フラップとエルロンの機能を兼ねた動翼。

油圧が一般的（ユーロファイターは34.48MPa、F-22やF-35は27.59MPa）になっていますが、F-2に導入しようとすると大幅な設計変更が必要となり、また開発に大きなリスクが生じます。しかしながら、そこまでして変えるメリットは見られないため、F-16の基本システムをそのまま活用することにしました。

アメリカではF-16 CCVをはじめとして、F-16を使った戦闘機の運動性向上に関する様々な研究が行われた。写真はその1つのVISTAで、1機だけつくられたNF-16Dを改造した可変安定性飛行シミュレーター試験機である。コクピットには、中央（パイロットの足の間）にも操縦桿が1本増やされており、飛行中に安定性を様々に変化させることで、通常の戦闘機にはできない動きなどを実現した
写真提供／NASA

01-15

そのほかの機能
―パイロットの負荷を減らし、緊急時にも対応

01-14でCCVの飛行制御則と機能などを記しましたが、ここでは、そのほかの機能における飛行制御則の概要を取り上げます。

オートパイロット（自動操縦）制御則

姿勢保持、高度保持、方位保持のモードがあって、パイロットの操作によりモードを選択できます。設定された最低高度に機体が入りそうになった際に、警報を発するとともに、パイロットの押しボタン操作で機体を水平にする姿勢回復機能も備えます。

ディグレーデッド（機能低下）制御則

操縦翼面の作動装置が故障などを起こした際に、飛行特性の劣化を最小限に抑えるための機能です。また大気データ・センサーや迎え角センサーの機能が失われても、操縦系統の安定性を確保します。

ただ、前記のセンサーが故障した場合には、一部のCCV制御則の飛行特性が劣化してしまうため、オートパイロットの使用は禁止されています。

バックアップ（予備）制御則

これまでに記した制御則とは別に、飛行操縦コンピュータの主要部分が故障を起こした場合などに、バックアップ機能を提供するものです。適正な安定性や操縦性を確保して、機体を基地などに安全に帰投させることを可能にします。

このほかにも、横転操縦操作と方向舵ペダル操作には、リミッターが付けられています。これによりパイロットの操作によって機体が逸脱（デパーチャー）やスピンに入りそうになってもそれを防げ、飛行の安全を保てます。

F-2が装備する各種飛行制御則

制御則	実現するモード	モードの概要	作動条件	備考
縦CCV	操縦増強（縦CA）	パイロット操作に対して水平尾翼を作動させ、飛行条件によらず適正な縦の機体応答を得るモード	常時作動	
	安定性劣化（RSS）	主翼と水平尾翼の両方の揚力を利用して運動能力を向上させ、かつ機体の安定性を自動的に補償するモード		
	運動荷重制御（MLC）	マッハ数、迎角にもとづくスケジューリングにより前縁フラップおよびフラッペロンを作動させ、揚抗比を改善して旋回性能を向上させるモード		
	運動性能強化（ME）	水平尾翼と同時にフラッペロンを有効利用して引き起こし応答を迅速化するモード	パイロット選択（亜音速域で空対空または空対地攻撃のモード選択時）	
横・方向CCV	横・方向CA	パイロット操作に対してフラッペロン、方向舵などを作動させ、飛行条件によらず適正な横・方向の機体応答を得るモード	常時作動	
	ディカップルド・ヨー（Dy）	ラダーペダル入力のみで、バンク角なしで横滑りの発生およびヨー方向の飛行経路を変更するモード	パイロット選択（亜音速域で空対地攻撃のモードが選択され、なおかつDyモード・スイッチがエンゲージされたとき）	
オートパイロット	姿勢保持（ピッチ角/ロール角）	エンゲージ時のピッチ角およびロール角を保持するモード	パイロット選択（オートパイロット・スイッチの選択）	警報は常時処理する
	高度保持（電波高度/気圧高度）	エンゲージ時の電波高度または気圧高度を保持するモード		
	方位保持	エンゲージ時の方位角またはパイロットが設定した方位角を保持するモード		
	航路保持	設定されたステアポイントに向かうモード		
	姿勢回復	パイロットのスイッチ操作により、機体姿勢の回復を行うモード。また、パイロットが設定した高度以下への機体の突入に関する警告をだす		
ディグレーデッド	縦系ディグレーデッド	センサーまたはアクチュエータなどの故障時に安全に帰投させるために、縦CCV制御則およびオートパイロット制御則をディグレードさせたモード	センサーまたはアクチュエータなどの故障時	
	横・方向系ディグレーデッド	センサーまたはアクチュエータなどの故障時に安全に帰投させるために、横・方向CCV制御則およびオートパイロット制御則をディグレードさせたモード		
バックアップ	縦系バックアップ	フライト・コントロール・コンピュータ主要部の故障時などに安全に帰投させるために設けた縦系制御則をハードウェアで実行させるモード	フライト・コントロール・コンピュータ主要部の故障時またはパイロット選択	
	横・方向系バックアップ	フライト・コントロール・コンピュータ主要部の故障時などに安全に帰投させるために設けた横・方向系制御則をハードウェアで実行させるモード		

F-2の能力① 運動性

―各種CCVの飛行制御則で高い運動性を誇る

F-2は、これまでに記してきた各種CCVの飛行制御則により、高い運動性を実現しています。たとえば、運動荷重制御（MLC）機能は、より小さな半径での旋回を可能にし、高い飛行荷重（G）をかけて旋回することができます。また、運動性能強化（ME）機能によって、引き起こし操作中の加速度の応答性を高めることができています。

操縦増強（縦CA）機能では、縦CAならばどのような速度・高度であっても同じ操舵力で同じGが得られます。これは横・方向CAでも同様です。

F-2のもとになったF-16は、いわゆる「9Gフレーム機」と呼ばれるもので、「機体構造が耐えられる飛行中の最大荷重は9Gまで」という設計になっています。負の荷重（－G）は3Gまでで、この＋9G/－3Gという荷重制限は、今日の戦闘機の標準になっており、高機動性戦闘機であることを示す基準ともなっています。これをつくり上げたのがF-16で、F-2ももちろんこの高機動性を受け継いでいます。

ただ、荷重制限は機体の重量や機外搭載品の形態などによっても変わり、＋9G/－3Gは最適条件での制限範囲です。F-2の場合＋9Gをかけられるのは、機体総重量12,000kgまでとなっています。これを超えると徐々に最大荷重制限は低下し、設計総重量である22,100kg（F-2A）では＋4.8G/－1.6Gに制限されます。

ちなみに、F-2Aは設計総重量で離陸して機内燃料が半減すると、機体重量が13,278kgになるので、この状態になればほぼ最大荷重制限の範囲で飛行できることになります。

主翼前縁付け根延長部の先端と、左右の主翼端から空気の渦流（ボルテックス）をだして飛行する第6飛行隊所属のF-2B。高G飛行など、激しく機動飛行すると、こうしたボルテックスが発生するが、航空自衛隊の戦闘機でボルテックスをよく見ることができるのがF-2である。この現象は機体設計に起因するところが大きいが、F-2の高い敏捷性を示す一端であるのも確かだ

F-2の能力② 速度、加速力
—最大速度は標準だが、加速力や上昇力は抜群

F-16の最大速度は資料によって異なりますが、アメリカ空軍では通常、マッハ2以上としています。ただ、F-15を補佐することを目的に開発されたF-16では、高い飛行速度能力が重視されなかったことも事実で、それは胴体下面に配置された固定式の空気取り入れ口にも表れています。マッハ2を超す高速性能を実現するには、F-15などのような複雑な可変式空気取り入れ口を備える必要があるからです。

F-2はこの点もF-16を受け継いでいますので、最大速度はマッハ2程度、それも機外搭載品のない状態でのみ、この速度を達成できると考えられます(航空自衛隊のウェブサイトでは、最大速度がマッハ2.0となっています)。当然ですが、エンジンのアフターバーナーを使わなければ、超音速飛行はできません。

戦闘機の加速性能や上昇力を見る数値としては、エンジン推力を機体重量で割った**推力重量比**や、それに抵抗を加味した**余剰推力率**という数値が使われます。簡単に計算できる数値である推力重量比では、エンジン推力の単位をkgにして算出したとき、1を超えるかどうか、つまり重量(kg)よりもエンジン推力(kg)のほうが大きくパワーがあれば、加速力、上昇力にすぐれると見ることができるのです。

F-2の総重量は22,100kg、アフターバーナー時のエンジン最大推力は13,381kgなので、このときの推力重量比は約0.61ですが、機内燃料が半分になると1.07となり、大推力重量比戦闘機といえます。**最大速度が多少遅くても、加速力や上昇力でそれを十分に補う能力を有している**ということでもあります。

空対空戦闘形態で、F110エンジンのアフターバーナーに点火し、加速するF-2。F-2は機体の大型化によりF-16よりも重くなりはしたが、F110の性能向上型エンジンを装備したことで、十分な加速力や上昇力を得られる推力が提供されている

F-2の能力③ 電子機器とレーダー
―世界で最初にアクティブ型レーダーを採用

F-2を開発するにあたって、搭載する各種の電子機器類は国内開発することが基本とされ、また可能なかぎり最新の技術を取り入れたものにすることが決まりました。

その好例がレーダーで、当初から**アクティブ・フェイズド・アレイ・レーダー**を開発して装備することが決められていました。このタイプのレーダーは、アンテナを多数の荷電素子で構成し、アンテナを物理的に動かさなくても広い視野を得られ、また異なるモードを同時に併用できるなどの特徴を有しています。

今日では**アクティブ電子走査アレイ**（**AESA**）**レーダー**と呼ばれるようになったこの種のレーダーですが、F-2の開発が決まった当時、戦闘機用としてはまだパッシブ型しか実用段階にはなく、F-2のJ/APG-1レーダーは世界最初の戦闘機用実用AESAレーダーでもあります。

AESAレーダーのアンテナを構成する荷電素子には、ガリウム砒素が用いられますが、J/APG-1の開発時には、その価格が高額であることが問題点として指摘されました。しかし、その低コスト化を実現できたことで、世界に先駆けて戦闘機用AESAレーダーの実用化に成功したのです。

電子戦関連装置としては、レーダー警戒受信機（RWR）、電子妨害装置（ECM）、電子支援装置（ESM）、チャフ/フレア散布装置を装備していて、それらを総合したシステムが**J/ASQ-2統合電子戦システム**（**IEWS**）と呼ばれています。このほかにも慣性基準装置（IRS）などを備えており、主要なものについては次項以降でもう少しくわしく紹介していきます。

主翼前縁に付いている、レーダー警戒受信機（RWR）のセンサー部。垂直尾翼の最上部後縁にも後方からのレーダー輻射を検知するためのセンサーがある

空気取り入れ口周辺部に配置されている電子妨害装置（ECM）用のアンテナ類。機体最後部のドラグ・シュート収納部の上にも、類似のアンテナ類がある。F-2の電子戦システムはIEWSにより総合的な使用が可能になっていて、パイロットの作業負担を増やさずに最適なECM対応を取ることが可能になっている

F-2の能力④ レーダーの機能
—10目標と同時交戦できるともいわれる

三菱電機が開発したJ/APG-1レーダーは、アンテナを約800個の荷電素子で構成し、それぞれが送受信モジュールを備えるアクティブ・フェイズド・アレイ・レーダーです。探知距離などの詳細は公表されていませんが、大型の艦船ならば約180km、自分よりも低い高度を飛ぶ戦闘機ならば65km程度の距離で探知できるともいわれています。

マスター・モードとしては空対空、空対地、格闘戦、ミサイル・オーバーライド、航法があり、空対空では航空目標を探知・追尾し、格闘戦では接近目標を自動捕捉し追尾します。ミサイル・オーバーライドは、たとえば格闘戦モードからBVR空対空ミサイルによる戦闘に切り替える際などに用います。BVRミサイルの種類によっては複数目標との同時交戦機能もあり、最大で10目標の処理能力があるとの情報もあります。

空対地モードでは対地測距や地上マップのほか、空対艦ミサイル用の海上目標探知/追尾機能があります。さらに空対空モードと組みあわせて、対艦対空同時捜索/探知や対地対空同時捜索/探知という、対空同時警戒機能を有しています。航法モードでは、地形表示のほか、地形回避表示や対地測距機能により、低空飛行を可能にします。

今日では、搭載できる空対空ミサイルにAAM-4を追加することになり、ミサイルの能力をフルに発揮するため、J/ARG-1指令通信装置の追加や、高出力化、信号処理能力などが強化されました。この改良型レーダーがJ/APG-2レーダーで、将来的に全機のレーダーが換装されます。

F-2の最先端部は、レーダーを収めたレドームになっている。その中には、アクティブ・フェイズド・アレイ・レーダーであるJ/APG-1が収められているが、今後はAAM-4による空戦能力をフルに発揮できる機能を備えるなどした改良型であるJ/APG-2に換装されていくことになっている

F-2の能力⑤ 外装型前方監視赤外線装置 —J/AAQ-2

F-2は実用配備が開始された後も、いくつかの重要な能力向上改修が行われています。なかでも平成17(2005)年度以降に発注された機体では、新しいセンサーの運用能力が追加されました。

これはJ/AAQ-2外装型前方監視赤外線装置(FLIR)というもので、空気取り入れ口ダクト右下に装着する、ポッド形式のセンサーです。ほかの赤外線センサーと同様に、目標とすべきものとその周囲の温度差を検出し、画像としてパイロットに提供する装置です。その画像情報はコクピットの多機能表示装置(MFD)に表示できますが、赤外線画像なのでモノクロです。

夜間や悪天候時に地形や目標を映しだすことで航法に使用でき、また電子戦環境下でレーダーの使用が困難なときなどには、艦船などの大型目標を探知する有効な装置となります。近年の戦闘機が装備している赤外線捜索追跡装置(IRST)のような、空対空目標の捕捉/追跡機能はありません。先端の赤外線センサー収納部は回転式です。

赤外線装置の画像をヘッド・アップ・ディスプレー(HUD)に表示させるには、HUDをラスター・スキャン方式に変更する必要があります。ラスター・スキャン方式は、一般的なPC用ディスプレーにも用いられている方式で、まず横方向に走査(スキャン)し、次いで縦方向に走査することで二次元画像として表示するものですが、F-2ではHUDが改修されていないようですし、今後HUDにその機能が導入されるのかも未定です。J/AAQ-2 FLIRポッドの運用能力は、現時点では一部のF-2にしかもたされておらず、今後何機が改修を受けるかも定かではありません。

F-2は開発段階から赤外線センサーの装備が考えられていて、ポッド式で装着する外装型赤外線前方監視赤外線装置が開発された。写真はその試作型で、空気取り入れ口ダクトの右横下に装着し、各種の試験が行われた

J/AAQ-2外装型前方監視赤外線装置の実用型。先端部に赤外線センサーがあって回転式になっており、あらゆる方向にセンサーを向けられる。最後部には機器の冷却用空気取り入れ口がある

F-2の能力⑥　目標指示ポッド
—AN/AAQ-33スナイパー

航空自衛隊は2008年に、新しい誘導爆弾としてレーザーJDAM（01-35参照）の導入を決めました。この爆弾の運用では、目標にレーザー照射するなどの機能をもつ目標指示ポッドが必要で、航空自衛隊は2013年8月2日、ロッキード・マーチンのAN/AAQ-33スナイパーを選定したと発表しました。

AN/AAQ-33は、2001年にアメリカ空軍の先進目標指示ポッド（ATP）審査で採用され、2004年から実用配備が開始されているもので、B-1やA-10なども装備しています。

スナイパー・ポッドは、以下のような特徴をもつ多機能目標指示ポッドで、これを全長2.39m、直径30.2cm、重量200kgと小型・軽量にまとめています。F-2では、空気取り入れ口ダクト右下に装着されることになる模様です。

- 最新の画像処理機能を備えた高解像度の中波赤外線（MW IR）の使用
- 高画質の荷電結合素子（CCD）テレビ・カメラの使用
- 赤外線ポインターの装備
- 慣性追跡装置を使った先進の目標/シーン画像装置の装備
- アイセイフ・レーザーを使ったレーザー誘導爆弾用の複モード・レーザーの装備
- 空中および地上からのレーザー照射を追跡できるレーザー・スポット追跡装置の装備
- 移動目標と静止目標の双方に対する高精度の兵器投下機能
- 暗視ゴーグルでも視認できるレーザー・マーカーの装備

- パッシブ方式での空対空目標の探知と追跡機能
- 高精度なパッシブ方式測距機能
- ビデオ・データリンクの装備
- JDAM/L-JDAMなどJシリーズ兵器用の高精度な座標生成機能

防衛省はF-2用の目標指示ポッドとして、AN/AAQ-33スナイパーの導入を決めた。平成26(2014)年度に試改修して開発作業に着手することにしている。写真は前部胴体下面にスナイパー・ポッドを付けたアメリカ空軍のB-1B
写真/青木謙知

A-10Cの主翼下に取り付けられたAN/AAQ-33スナイパー(左から2番目)
写真/青木謙知

F-2の能力⑦ 無線機、敵味方識別装置、航法装置
—新しい機体にはGPSも装備

F-2が装備している**通信用の無線機**は、ほかの多くの機種と同様にVHF帯とUHF帯、そしてHF帯の無線機です。さらにJ/ASW-20データリンク装置も有していて、地上の防空システムやAWACS機などと直接データをやりとりすることも可能です。今後は、戦闘機データリンク(FDL)も搭載すると見られています。

敵味方識別装置は、AN/APX-113(V)発達型敵味方識別装置(AIFF)で、質問信号に対する応答信号を受信する質問機能と、質問信号に対して応答する応答機能を備えています。質問機能における目標の設定などは、多機能表示装置(MFD)で操作します。

航法装置にはジャイロの加速度から移動距離などを求める慣性基準装置(IRS)が使われています。IRSは、起動後にまずジャイロを安定させる(整合といいます)必要があり、不十分だと正確な航法ができません。F-2のIRSは通常、整合に3分程度かかり、この場合の誤差は飛行1時間あたり約1.4kmとされています。出撃までの時間を短縮する必要がある場合には、整合にかける時間を半分程度にする迅速整合も可能ですが、航法精度は低下します。IRSのデータは、空対艦ミサイルへの目標指示や誘導爆弾のバックアップデータとしても使われるので、航法精度が低下しているとそれらの命中精度も悪くなります。

そのほかには**戦術航空航法装置(TACAN)**を装備しているほか、平成16(2004)年度の発注機からは**全地球測位システム(GPS)**が装備されています。さらに、超短波無指向性全方位無線標識(VOR)受信機と計器着陸装置(ILS)を一体化した小型の**VOR/ILS**を搭載して、航法装置の冗長性を確保しています。

風防前に並んでいる細長い板状のものが、AN/APX-113(V)発達型敵味方識別装置(AIFF)のアンテナ（通称はバードスライサー)。F-16A/B ADFで導入されたもので、F-2も同じものを装備することにした

F-2の能力⑧ 統合電子戦システムと自己防御
―電子的な妨害と機械的な妨害

F-2の生存性を高めるための装備品が、J/ASQ-2統合電子戦システム(IEWS)です。このシステムは、レーダー警戒受信機(RWR)を含む電子支援装置(ESM)や、対抗手段散布装置(CMD)などで構成されます。

脅威電波を警戒・探知すると、その分析や識別、位置の推定、脅威の度合いなどを判定して、電子戦制御装置(EWC)による電子的な妨害(ECM)や、機械的な妨害を実施する能力を有しています。また、IEWS内で電波の干渉を防止して、機能低下を避けるなどのシステムも備わっています。

機械的な妨害は、CMDによってチャフあるいはフレアが散布されます。チャフはレーダー誘導の兵器などに対して有効なもので、アルミ片を散布することでレーダーの電波探知を惑わせます。レーダー電波の周波数帯によって、適したアルミ片の長さが変わるため、大型の装置ではカッターを内蔵しているものもありますが、戦闘機用のものでは見られず、また脅威となる周波帯もかぎられているので、事前にセットしたものを使います。

フレアは、赤外線シーカー用の対抗手段で、火球を散布して別に強力な熱源をつくりだし、探知先をそちらに変更させるものです。F-2のCMDには、イギリスのBAEシステムズ製AN/ALE-47が使われています。ECM装置は国産品ですが、型番はまだ不明です。ECM装置のアンテナには、中/高周波数帯用と低周波数帯用があり、空気取り入れ口の脇とドラグシュート収納部周囲などに付いています。AN/ALE-47は、垂直尾翼付け根の右側と水平尾翼基部に2つずつ並べて配置されています。

垂直尾翼基部の両側に並べて配置されている対抗手段散布装置（CMD）から、赤外線誘導システムを惑わすフレアを散布するF-2A

F-2の能力⑨　兵装搭載能力
―大型の空対艦ミサイルを4発搭載可能

F-2は、純粋に支援戦闘機を目指して開発された機種なので、真っ先に求められたのは空対艦ミサイルの運用能力でした。四方を海に囲まれた日本にとって、着上陸侵攻は大きな脅威である一方、守らなければならない範囲は広く、しかも装備機数にはかぎりがあるため、最大4発を携行できる必要があるとされました。

また、地上部隊に対する近接航空支援任務では、爆弾やロケット弾を使用しますし、友軍への誤爆を回避したり目標を正確に破壊したりするために、誘導爆弾の運用能力も要求されました。なお、計画の初期にはクラスター爆弾も搭載兵器に挙げられていましたが、日本政府もクラスター爆弾禁止条約を批准したことで、これは廃棄されています。

加えて、平時は要撃戦闘機とともに防空活動にも使用することが前提でしたので、F-4EJを上回る空対空戦闘用兵器の運用能力も必要で、BVR空対空ミサイルとWVR空対空ミサイルの双方を搭載できます。

この多様かつ大きな兵器の搭載能力は、ほかの航空自衛隊の戦闘機には見られないものです。F-2の機外搭載ステーションや各種兵器についてはこの後で記していきますが、たとえば空対艦ミサイルは戦闘機用兵器のなかでは比較的大型のもので、多くのものが1発500kg以上の重量を有しています。

それを4発積むだけで搭載重量は2トンになり、さらに必要な戦闘行動半径を確保するために増槽も携行します。これを可能にするため、F-2Aには8,085kg以上の機外最大搭載能力がもたされているのです。

F-2Aとともに並べられた各種の搭載兵器。最前部、向かって左の濃い青の弾体はCBU-87/Bクラスター爆弾で、F-2も運用が可能なように設計されたが、2008年に日本政府がクラスター爆弾禁止条約に署名したことで、現在では廃棄されている

F-2の能力⑩　搭載ステーション

—ステーションの総数は11カ所におよぶ

F-2には胴体中心線下と左右主翼端、そして両主翼下には片側4カ所の機外搭載ステーションがありますので、搭載ステーションの総数は11カ所になります。各ステーションには番号が付けられていて、左主翼の第1ステーションから右に行くに従って番号が増えます。

各ステーションには、搭載品用パイロンを取り付けることで兵装などを装着しますが、**ステーションごとに搭載できるものはある程度決まっています**。たとえば増槽を装着するには、燃料配管が施されている必要があるので、胴体中心線下の第6ステーションと主翼下内側の第5および第7ステーションにしか取り付けられません。

一方、空対艦ミサイルは、主翼下であれば外側の第2および第10ステーション以外であれば、どこにでも取り付けられます。爆弾は、500ポンド(227kg)のものであれば、3連ラックを使うことで第4L、第8R、第5、第7の各ステーションに3発ずつ搭載できます。

両主翼端は、WVR空対空ミサイルの専用ステーションで、通常はミサイル発射レールが取り付けられています。AAM-4とAIM-7Mスパローの両BVR空対空ミサイルは、主翼下のうち4カ所のステーションにレール式ランチャー(発射装置)を介して各1発を装着します。

なお、左右の空気取り入れ口ダクトには、ポッドを装着するためのポイントが設けられていますが、もとになったF-16と同様に、それらはステーションには含みません。

❶第1/11ステーション：空対空ミサイルレール発射装置

❷第2/10ステーション：ミサイル発射装置アダプター

❸第3/9ステーション：兵器パイロン

❹第4L/8Rステーション：兵器パイロン

❺第4/8ステーション：兵器パイロン

❻第5/7ステーション：燃料パイロン

❼第6ステーション：胴体パイロン

❶～❻吊り下げ搭載
※第6ステーション以外

F-2の機外搭載ステーション。ステーション1/11は左主翼がステーション1、右主翼がステーション11ということ

空対艦ミサイル① ASM-1
—F-1とセットで開発された空対艦ミサイル

国内開発した超音速高等練習機T-2を支援戦闘機とすることに決めたとき、あわせて着上陸阻止の対艦攻撃用兵器として、空対艦ミサイルを開発することも決まりました。こうして、F-1プログラムは**機体と搭載兵器の組みあわせという、一体化した兵器システムとしての開発**が進められることになりました。

その空対艦ミサイルが**ASM-1**です。1973年に開発が開始され、1979年3月には約50kmという長射程での発射試験にも成功しています。実用配備の開始は1980年で、自衛隊での制式名称は、80式空対艦誘導弾といいます。

誘導方式などは同世代の欧米の空対艦ミサイルと同様で、搭載機の航法装置から目標の座標が入力されて発射されると、まず海面スレスレまで落下し、続いて電波高度計によりその高度を維持して飛翔を続けます。

ミサイルの先端には小型のレーダーが付いていて、目標に対して一定距離まで接近するとレーダーが作動しはじめて目標を捜索、とらえたなかで反射の大きいところ（通常は艦橋付近）に向かってそこに命中します。防御側は機関砲による弾幕を張りますので、それを回避するための急上昇機動もプログラムされています。こうした機能/能力は、同時代の欧米の空対艦ミサイルと比較しても、まったく遜色のないものでした。

ASM-1の発展型で、アメリカが開発・製造したハープーンの発射装置を使えるようにするなどして、艦船搭載型としたのが90式艦対艦誘導弾（SSM-1B）、それを航空機（海上自衛隊のP-3C）搭載型としたのが91式空対艦誘導弾（ASM-1C）です。ASM-1は

350発程度が製造されたとみられますが、旧式化が進んだことから廃棄が進み、F-2の搭載兵器から外されました。

国内開発の支援戦闘機、三菱F-1とともに開発された、国産の空対艦ミサイルASM-1

データ（ASM-1）

全長：4m
弾体直径：335mm
翼幅：1.02m
発射重量：600kg
弾頭重量：150kg
最大射程：約50km

空対艦ミサイル② ASM-2
―ターボジェット・エンジン採用で長射程化

ASM-1の問題点をあえて挙げるとすれば、射程が短いことでした。アメリカのAGM-84ハープーンが最大で約120km、イギリスのシーイーグルも約110kmの射程を有していたのに対し、ASM-1は半分以下です。

射程が短い最大の理由は、推進装置にありました。ハープーンやシーイーグルがターボファン・エンジンを装備したのに対し、ASM-1は燃焼時間が短いロケット・モーターだったからです。そこで推進装置をターボジェット・エンジンに変更して射程を延ばす研究が1988年に開始され、**ASM-2**として実用化するに至りました。自衛隊での制式名称は**93式空対艦誘導弾**です。

ミサイルの本体は、ASM-1と同じ基本設計のものを活用していますので、形状に大きな違いは見られませんが、最終段階での誘導方式の変更などにより、弾体の直径はわずかに細くなりました。推進装置をジェット・エンジンにしたため空気取り入れ口が必要になり、弾体最後部に十字型で取り付けられている操舵翼の下側2枚の間に、小さな空気取り入れ口があります。

ASM-2は、目標に接近するまでの誘導方式こそASM-1と同じですが、**最終段階の誘導方式を赤外線画像方式および画像処理（IR-CCD）にしています**。これにより熱源を感知し、さらにそれを画像として認識できるようになり、目標の検出能力を高めることができました。

また、レーダー・システムの大きな弱点であるチャフなどの、敵の電子妨害手段の影響を受けずにすむようにもなって、最終段階での誘導能力が高まりました。

最新型はGPSを採用して命中精度が向上

なお、F-2の場合、目標の座標データは慣性基準装置（IRS）で提供されますが、全地球測位システム（GPS）装備改修を受けたF-2ではGPSが用いられます。これによりさらに高精度な目標の座標情報をミサイルに提供できますが、命中精度を向上させるには、当然ASM-2にもGPSを装備しなければなりません。しかし、ミサイル側への改修がどの程度実施されているかは不明です。このほかにもASM-2では、ミサイルの飛翔安定部への位置制御装置、主翼および操舵翼への**ステルス構造技術**が採用されています。ステルス構造の採用は、ミサイルの生存性を高めるのが目的ですが、これらによってASM-2は、ASM-1よりも長い射程、より高い目標識別能力と命中率、より高い生存性と低い被発見性を有することとなりました。

ASM-2は1988年から、防衛庁（現・防衛省）の技術研究本部と三菱重工業により本格的な開発作業が開始されました。航空自衛隊では平成5（1993）年度から量産型ミサイルの調達を開始しています。

ASM-1に次いで開発されたASM-2。基本的な形状はASM-1に酷似しているものの、射程を延伸するために推進装置をターボジェット・エンジンに変更している。そのため、翼に隠れて見えにくいが、弾体後部に小型の空気取り入れ口を取り付けている

データ（ASM-2）

全長：4.10m　**翼幅**：0.9m　**弾頭重量**：未公表
弾体直径：350mm　**発射重量**：520kg　**最大射程**：150km

空対艦ミサイル③　ASM-3
―長射程と高速化を両立させるべく開発中

ASM-1とASM-2に続く3番目の国産空対艦ミサイルを目指し、平成4(1992)年度に研究に着手したのがASM-3です。ASM-3の最大の特徴は、推進装置に固体燃料を使うロケット・モーターとラムジェットを組みあわせる、統合型ロケット・ラムジェット(IRR)を使用する点にあります。ラムジェットは、吸入空気を空気のラム圧で圧縮し、そこで燃焼させるジェット・エンジンです。

IRRは、まずロケット・モーターで飛翔速度を超音速にまで加速し、その後はラムジェットの燃焼に切り替えて高速飛翔を維持します。これにより、マッハ5以上という高速の巡航飛翔速度を獲得し、一方で約150kmというASM-2並みの射程をも目指しています。

ASM-3の誘導方式は、中間飛翔段階においてASM-1/-2と大きな違いはありません。最終段階ではまず、目標がだしているレーダー電波をとらえて発信源に向かう受動レーダー方式で目標に向かい、その後、自らのレーダーに切り替えて、それが捕捉した目標に向かいます。

また、ASM-3は超音速で目標に当たるので、命中した瞬間の衝撃がASM-1/-2よりもかなり大きくなります。このため破壊効果がすぐに失われてしまうことが考えられるため、これを回避できる新しい信管や弾頭の開発も必要になりました。

ASM-3は当初、2010年ごろの実用配備を目指して作業をスタートしました。平成22(2010)年度には本格的な全体開発のための予算が認められましたが、今後の開発が難航することも予想され、現時点では量産できるかはっきりしていません。

現在研究開発が進められているASM-3の試作ミサイルXASM-3。統合型ロケット・ラムジェット（IRR）推進システムの使用など野心的なミサイルではあるが、その分、開発に時間と経費を必要とし、量産に進めるかは不明である

データ（XASM-3計画値）

全長：約6m　**重量**：約900kg
弾体直径：約350mm　**射程**：50km以上

XF-2Aに搭載されたIRR試作弾。飛翔中に識別しやすいよう、派手な色で塗り分けられている

空対空ミサイル❶ AIM-9LとAAM-3
—AAM-3は国産空対空ミサイル

AIM-9Lサイドワインダーと国内開発のAAM-3は、ともに周囲よりも温度の高い熱源を検出してそこに向かう、赤外線誘導式の視程内射程(WVR)空対空ミサイルです。この誘導方式では、周囲との温度差が大きいほど照準も容易になるので、もっとも熱いエンジン排気口を真後ろからとらえて発射するのが確実に命中させる戦法でした。しかし、第4世代型サイドワインダーと呼ばれるAIM-9Lでは、赤外線センサーの感度を大幅に高めたことで、周囲との温度差をより敏感に検知できるようになり、従来では不可能だった正面からの攻撃も可能になっています。航空自衛隊ではF-15とともに導入を開始しました。

AAM-3は、AIM-9Lよりも高い能力を目指して日本が独自に開発したもので、赤外線シーカーの視野の拡大と、運動性の向上に主眼が置かれました。このため、先端のガラス部はAIM-9Lよりも大きくなり、また先端の翼は付け根部に切り込みが入れられて、本体との間に大きな隙間がある独特の形状になりました。赤外線シーカー自体にも2色シーカーと呼ぶものが使われていて、温度差の検知・追跡能力がさらに高まっているといわれています。

AAM-3は、AIM-9Lを上回る空対空ミサイルを目指して1986年から研究作業がはじめられて、国産の空対空ミサイルとして、はじめて実用配備されました。航空自衛隊の採用決定が1990年だったので、制式名称は90式空対空誘導弾といい、航空自衛隊の全戦闘機が運用できます。今日では、AIM-9Lとほぼ完全に置き換えられていて、緊急発進待機の戦闘機も、AAM-3の実弾2発を搭載するのが基本になっています。

AIM-9L。航空自衛隊が保有するAIM-9サイドワインダーのなかでは新しいタイプ。F-15の導入とともに装備がはじめられた。F-2も使用できる

データ（AIM-9L）

全長：2.87m　**翼幅**：0.64m　**弾頭重量**：10.15kg
胴体直径：127mm　**発射重量**：86kg　**最大射程**：8km

AAM-3は国内開発されたWVR空対空ミサイル。前翼の前縁付け根と弾体の間に大きな隙間があるのが特徴で、これにより高い運動性を得ている。現在、スクランブル発進する緊急発進待機機は、いずれもAAM-3の実弾を2発搭載している

データ（AAM-3）

全長：3.00m　**翼幅**：0.64m　**弾頭重量**：15kg
胴体直径：127mm　**発射重量**：91kg　**最大射程**：8km

空対空ミサイル② AIM-7F/M
―セミアクティブ・レーダー誘導方式

AIM-7スパローは、セミアクティブ・レーダーという誘導方式を使った視程外射程（BVR）空対空ミサイルです。ミサイルの先端部にはレーダーの反射電波をとらえるアンテナがあって、発射機が目標に対してレーダー照射を続けると、その反射波を捕捉して反射源に向かうというものです。

ミサイルに装着する電子機器は簡素になりますが、発射機はミサイルが命中するまでレーダーで目標をとらえ続けていなければならず、それが一瞬でも途切れるとミサイルは誘導機能を失い、目標から外れてしまいます。このような不便な点はありますが、射程が長いことと、赤外線誘導のように天候に左右されないことから、1960年代中期以降、欧米の全天候戦闘機用の標準的な視程外射程（BVR）空対空ミサイルとなりました。

航空自衛隊も、F-4EJの導入にあわせてAIM-7Eを、F-15Jの導入にあわせてAIM-7Fを装備し、さらにF-2の開発決定とともに最新型であるAIM-7Mを導入しました。AIM-7Fの大きな特徴は、電子機器が完全にソリッドステート化されたことでした。続いて開発されたAIM-7Mでは、レーダー・シーカーに改良が加えられ、モノパルス・シーカーと呼ばれるタイプのものになり、レーダーの反射電波に含まれる電気信号の雑音と、目標からの反射をよりしっかりと識別できるようになりました。これにより自分よりも低い高度を飛ぶ目標への攻撃力が高められています。

また、自動飛翔制御装置のデジタル化と再プログラム機能の追加、弾頭威力の強化などにより、信頼性と破壊力が高められるなどしています。

F-4EJの導入とともに航空自衛隊は、初のBVR空対空ミサイルとして、セミアクティブ・レーダー誘導方式のAIM-7スパローを装備した。F-4EJではAIM-7Eが、F-15JではAIM-7Fが搭載され、F-2では最新世代型のAIM-7M（写真）が用いられている。今日では戦闘機全機種がAIM-7Mの運用能力を得ている

データ（AIM-7M）

全長：約3.66m
弾体直径：200mm
翼幅：1.02m
発射重量：227kg
最大射程：45km

空対空ミサイル③　AAM-4
―アクティブ・レーダー誘導方式

AIM-7スパローの大きな問題点の1つが、命中するまで発射機が目標をレーダーでとらえ続けていなければならなかったことでした。また、電子的な妨害にも弱く、それらの問題点を解消したのがアクティブ・レーダー誘導方式です。

まず、アメリカでAMRAAMが開発され、多くの国で採用されました。日本では1985年ごろ、同様の空対空ミサイルについて研究などがはじまり、平成5(1993)年度から開発がはじまります。その後、平成11(1999)年度に、99式空対空誘導弾(AAM-4)としての制式装備が開始されました。これによりAMRAAMは導入されないことになりました。

AAM-4の特徴としては、射程の延伸(スパローの2倍ともいわれます)のほか、スパローと比較して、破壊力の増大、撃ちっ放し能力の獲得、多目標同時処理能力の獲得、対電子対抗手段(ECCM)能力の向上、クラッター(擾乱)除去能力の向上などが挙げられます。

2002年以降は、横進目標への対処能力の強化、射程と自律誘導距離の延伸、レーダー誘導装置のアクティブ電子走査アレイ化などが研究され、こうした改良を盛り込んだタイプはAAM-4Bと呼ばれています。このAAM-4Bでは、新しい信号処理方式も導入しており、これによりAAM-4に対して、スタンドオフ射程で1.2倍、自律誘導で1.4倍に距離が延伸されている模様です。

なお01-19で記したように、AAM-4/-4Bの能力をフルに活用できるF-2は、指令送信機能をもつJ/APG-2レーダーを装備したものだけです。

日本がはじめて開発し、実用化させたBVR空対空ミサイルが、AAM-4。アクティブ・レーダー誘導方式の採用により、AMRAAMと同様に撃ちっ放し能力を有している。F-2では、レーダーをJ/APG-2に換装することで、AAM-4の完全な能力発揮を可能にする

データ（AAM-4）

全長：3.67m
胴体直径：203mm
翼幅：0.77m
発射重量：222kg
射程：未公表

左右の主翼下中央に搭載されたAAM-4

空対空ミサイル④ AAM-5
—オフ・ボアサイト交戦能力をもつ

今日、AAM-3のようなWVR空対空ミサイルで実用配備が進められている最新世代型が、シーカーの標準視野（ボアサイト）を外れたところにいる目標との交戦能力を有するタイプです。これがオフ・ボアサイト交戦と呼ばれるもので、これまでは不可能だった、自分の真横にいる敵機にミサイルを発射するなどの能力のことです。日本でも、1991年に研究が開始されました。

AAM-5と名付けられた国内開発ミサイルは、制式名称を04式空対空誘導弾といいます。シーカーに赤外線フォーカル・プレーン・アレイ方式の多素子シーカーを使って、より温度検知能力の敏感さを高め、探知距離と範囲を拡大しています。また、シーカーの首振り角を増大することで、さらに広い範囲での目標の捕捉を可能にしています。

AAM-5は、ロケット・モーターの排気口に推力偏向制御方式を採用し、カナード操縦翼は使わず、尾翼による操舵のみとしています。これによりミサイルの運動性が向上し、交戦範囲が拡大しています。このためミサイルの形状も大幅に変わり、先端部には翼面はなく、中央胴体部には極めて弦長の長いストレーキ（長いフィンのようなもの）があり、最後尾に制御用の動翼が付きます。

こうした空対空ミサイルは通常、オフ・ボアサイト攻撃を可能にするために、ヘルメット装着式照準器と組みあわせて使われます。またAAM-5では、赤外線シーカーの冷却持続時間を延長し、また対赤外線対抗手段能力を高めるAAM-5（改）も開発されています。F-2については、まだ統合化作業がはじまったばかりで、搭載パイロンが開発されている段階です。

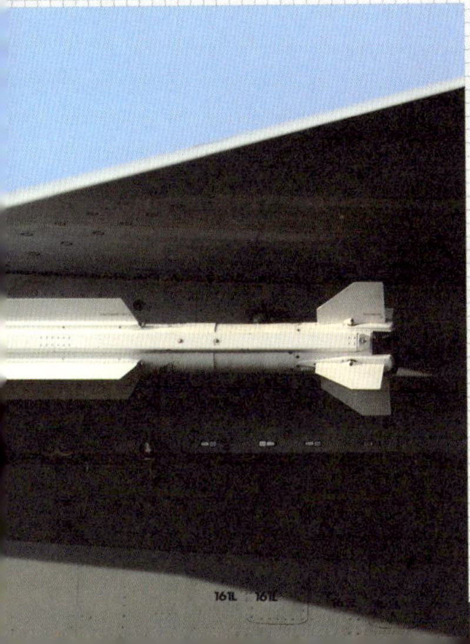

F-15Jに搭載されたAAM-5 WVR空対空ミサイル。推力変向式の排気口を備えて運動性を高め、広視野型のシーカーを有しており、ヘルメット装着式照準器と組みあわせると、オフ・ボアサイト位置にいる目標を攻撃できる。F-2への統合化ははじまったばかりで、2014年の時点では、搭載用ランチャーの開発が進められている

精密誘導爆弾① GCS-1
—国内開発の赤外線誘導方式

GCS-1は、1980年代に日本が独自に開発した、通常爆弾に取り付けることで誘導爆弾にするキットです。Mk82 500ポンド(227kg)爆弾用とJM117 750ポンド(340kg)爆弾用があります。基本的な構成は同じで、先端部に誘導用の赤外線シーカーが付きますが、弾体の重量や形状が違うため、前方部の操舵翼の形が異なっています。また、JM117が旧式化したことから、実用配備されたのはMk82用だけです。

当時こうした誘導爆弾では、すでにレーザー誘導が主流でしたが、「レーザー誘導にするのでは国内開発の意味がなく、購入したほうがよい」などの意見があり、国内開発を推進する目的からも、あえて主流ではない赤外線誘導方式を採用しました。

また、主目標を洋上の艦船としていたので、昼夜で海面温度の逆転現象はあるものの、温度差の検出が比較的容易であること、レーザー光を照射する目標指示ポッドを装着しないですむこと(その分、機外搭載品を増やせます)などの利点もあります。ただ、誘導精度は、レーザー誘導方式よりもかなり低くなります。

F-2からGCS-1を装着した誘導爆弾を投下する方式は、①命中点継続計算、②投下点継続計算、③継続データによる投下点計算、④初期データによる投下点計算の4方式が用意されています。命中点継続計算だけは手動での投下になりますが、それ以外は自動で投下できます。

GCS-1は、空対艦ミサイルとの連携運用を目的に開発されました。空対艦ミサイルで戦闘能力や航行力を失わせた後、誘導爆弾で艦船を撃破します。制式名称は91式爆弾用誘導装置です。

GCS-1は国内開発した通常爆弾用の赤外線誘導装置。写真は、GCS-1を付けたMk82 500ポンド(227kg)爆弾。最後部のフィンは展張式である

GCS-1を付けたJM117 750ポンド(340kg)爆弾。前方の操舵翼の形状が、Mk82用とはまったく異なっている。JM117が旧式化したため、こちらのタイプは制式採用されなかった

精密誘導爆弾② GBU-38 JDAM
—目標の座標へGPS/INSで誘導される

JDAM（統合直接攻撃弾薬）は、通常爆弾に全地球測位システム（GPS）を用いた誘導キットを取り付けることで精密誘導爆弾にするものです。航空自衛隊は現在、Mk80シリーズの通常爆弾では、500ポンド（227kg）のMk82しか保有していないので、これにJDAMキットを付けてGBU-38にします。

JDAMキットには、弾体最後部に付ける誘導セクション（GPS受信機、慣性航法装置、飛翔制御コンピュータ、翼面作動装置）などが収められています。外部には4枚の全遊動式の翼が付いていて、爆弾の落下飛翔を制御します。慣性航法装置はGPSのバックアップ装置で、GPSと同様に目標の座標があらかじめインプットされています。

Mk82用以外では弾体中央に、落下中の空気流を整えるための細長いストレーキが付けられますが、Mk82用では小さなフィンが先端にのみ付きます。

投下されたJDAMは、GPS衛星から信号を受信し続けることで、事前に入力された座標の目標に向かいます。GPS信号が受信できなかったり、GPS装置が故障したりした場合などは、慣性航法装置（INS）に切り替えられて目標に向かい続けます。JDAMはこのように、完全な自律誘導方式を備えるので、目標指示や誘導のための特別な装置が不要です。

JDAMの特徴の1つは、通常爆弾にキットを取り付けるだけで精密誘導爆弾にできる点です。これ自体はペイヴウェイ・シリーズと同じですが、これをより簡素・安価にできたことから、今日ではアメリカ軍の中心的な誘導爆弾になっています。

JDAMは、GPSをメインの誘導装置として使用している誘導爆弾。簡素なキットで構成されている。Mk82にJDAMキットを装着したのがGBU-38である

F-2の主翼下ステーションに1発ずつ取り付けられた、GBU-38 500ポンド（227kg）JDAM。JDAMは機体とのコネクター（インターフェース）の関係で、現状ではパイロンに直接1発ずつ取り付ける

精密誘導爆弾③ GBU-54 レーザー JDAM(L-JDAM)
―GPS/INSとレーザー誘導システムの2つを搭載

GBU-54レーザーJDAM(L-JDAM)は、2004年にアメリカではじまったJDAMの運用能力向上計画として開発されたもので、JDAMにレーザー誘導キットを追加するものです。これによりGPS/INSとレーザーという2つの誘導システムを備えることになりました。この組みあわせは強化型ペイヴウェイ(EGBUシリーズ)と同じですが、EGBUシリーズでは、GPS/INSがレーザー誘導システムのバックアップとして使われているのに対し、L-JDAMはGPS/INSが基本誘導システムであり、この点は通常のJDAMと同じです。

一方、投下後は、投下機や別の航空機、あるいは地上などから目標にレーザーが照射され、L-JDAMがそれを受信すると、その反射源をGPS誘導コンピュータが再計算して、新しい目標座標を定められるようになっています。これにより、低速の移動目標の攻撃も可能になるのです。

最初に開発されたのは、GBU-38をもとにしたGBU-54です。GBU-38用の最先端部にあるストレーキ・キットの前に、DSU-38レーザー・シーカーが取り付けられていて、そのDSU-38にはDSU-33近接センサーも内蔵されています。航空自衛隊が導入するのもこのタイプで、2008年に装備を決定して、平成21(2009)年度から調達を開始しました。まずGPSで目標座標に向かう点は、L-JDAMもJDAMと同じですが、落下中に照射されたレーザー光の反射を受信すると、その反射源の目標に向かうよう誘導が切り替わります。レーザーの照射のため、F-2ではスナイパー目標指示ポッドが導入されます(01-21参照)。

GBU-38 500ポンド（227kg） JDAMをL-JDAM化したGBU-54。写真はF-16の主翼に搭載されているもの。航空自衛隊はJDAMに続き、L-JDAMも導入している
写真提供/アメリカ空軍

ロケット弾
——一斉に連射して地上の広範囲を攻撃

F-2の対地攻撃用装備の1つに、無誘導のロケット弾があります。西側の標準ロケット弾は、アメリカが開発した2.75インチ(70mm)ロケット弾で、航空自衛隊もこのタイプを装備しています。

ロケット弾は誘導装置がないので、発射後どこへ向かうかはロケット弾任せとなり、細かな照準はできません。また弾体が細いので炸薬の量も少なく、爆発力なども大きくありません。このため、ロケット弾は通常、数発をポッドに収めて装着し、それをほぼ一斉に連射して地上の広い面を攻撃します。

今日、アメリカではこのロケット弾の先端部にレーザー誘導装置を付けて、精密照準を可能にしようという研究が進められていますが、実用化にはまだ少し時間がかかるようです。

航空自衛隊は、この70mmロケット弾用のポッドとしてJ/LAU-3/Aを、127mmロケット弾用のポッドとしてRL-4を保有しています。J/LAU-3/Aは、陸上自衛隊が対戦車ヘリコプターAH-1Sコブラや、戦闘ヘリコプターAH-64Dアパッチ・ロングボウ用に保有しているLAU-61と同じ19発を収容するポッドで、直径が39.9cmあります。このため飛行中の抵抗も大きくなり、このポッドを装着した場合は超音速飛行できません。19発連射する場合、ロケット弾の発射順番はあらかじめ決められており、その順番で射出されます。またAH-64Dでは一度の射撃で連射する弾数を、19発のほか12発、4発、2発、1発から選べますが、F-2にその機能はありません。RL-4は4発を収めるポッドで超音速飛行も可能です。RL-4は保有数が少なく、また優先度が低くなったため、F-2での試験は行われませんでした。

2.75インチ（70mm）ロケット弾を19発収納できるJ/LAU-3ロケット弾ポッド。航空自衛隊は4発収納の高速飛行用RL-4も保有しているが、こちらは優先度が低くF-2では試験されなかった

2.75インチ（70mm）ロケット弾。最後部が弾体に沿った形で折り畳まれていることから、小翼折り畳み式空中発射ロケット弾とも呼ばれる。発射されると写真のようにフィンが展張する
写真提供/アメリカ陸軍

01-37

M61A1 20mmバルカン砲
—毎分6,000発で500発以上を撃てる

F-2のもととなったF-16は、中央胴体内左舷側に6砲身（口径20mm、砲身長1.524m）のM61A1バルカン砲1門を装備しています。F-2もこの部分は基本的には手を加えずそのまま装備していて、砲口の開口部も前部胴体左舷のコクピット側方に設けられています。

この機関砲は、口径20mmの砲身を6本束ねて反時計回りに回転させ、射撃位置にくる砲身に対してだけ給弾を続けて、連続射撃する方式です。こうしたタイプは、ガトリング式機関砲と呼ばれます。ちなみに、M61に使われている「バルカン砲」という名前は、この20mmガトリング式機関砲を開発したジェネラル・エレクトリックの登録商標です。

砲身の回転作動は、機体の電気システムでも油圧システムでもできますが、F-2では油圧システムが使われています。発射率は一般的に、毎分4,000発または6,000発が選べ、機種によっては毎分7,200発とすることもできますが、F-2では毎分6,000発（±10発）に固定されています。

携行弾数はF-16と同じにするとされたことで、最大で511発±1発となりました。標準的な弾薬としてはM50シリーズが使われ、M55普通弾、M56高爆発力弾、M56A1高爆発力焼夷弾、M53A1装甲貫通焼夷弾、M55A1訓練弾などがあります。フランスが開発したM621や、アメリカのM36なども使用できます。

新しいタイプの弾薬としては、PGU-28/B半徹甲爆発力焼夷弾（SAPHEI）があります。訓練用に使う模擬弾では、JM51Aと呼ぶものを国内で生産しています。ほかにも、JM220曳光弾や警告

信号弾（型番なし）などもあります。

F-2はF-16と同様にM61A1 20mmバルカン砲1門を、左前部胴体内に固定装備している。弾薬は右下方から搭載される

右主翼下に搭載した2発のASM-2を見せる、第8飛行隊所属のF-2A。機外装備品の搭載は左右対称が基本なので、左主翼下にもASM-2が2発あることになる。これは、FS-Xで要求された4発搭載の形態による飛行である。さらに増槽も2本搭載しており、これによって450浬(833km)の戦闘行動半径を獲得できる

Column 01

F-2の主要諸元を知る

■F-2A

寸度

全幅	11.80m
全幅(翼端ミサイル・ランチャー含む)	11.13m
全長	15.52m
全高	4.96m
水平尾翼幅	6.05m
ホイールベース	4.05m
ホイールトラック	2.36m

面積

主翼	34.84m^2
水平尾翼	7.05m^2
垂直尾翼	5.09m^2
ベントラル・フィン	0.75m^2
主翼前縁フラップ(左右合計)	4.70m^2
主翼後縁フラッペロン(左右合計)	3.96m^2
スピード・ブレーキ(左右合計)	1.32m^2

重量

空虚重量		9,527kg
機内燃料重量(総重量)		3,642kg
機内燃料重量(使用可能重量)		3,602kg
設計最大総重量		22,100kg
離陸重量	空対艦ミサイル×4+WVR空対空ミサイル×4+600ガロン(2,271リットル)増槽×2	20,517kg
	500ポンド(227kg)誘導爆弾×6+WVR空対空ミサイル×2+600ガロン(2,271リットル)増槽×2	19,888kg
	BVR空対空ミサイル×4+WVR空対空ミサイル×4	15,711kg
	WVR空対空ミサイル×4	13,731kg
	クリーン	13,459kg
最大着陸重量		18,300kg
機外最大搭載重量		8,085kg以上

エンジン

ジェネラル・エレクトリックF110-GE-129×1	
ドライ時最大推力	75.6kN
アフターバーナー時最大推力	131.2kN

燃料容量

機内	4,637リットル
機内使用可能量	4,589リットル
増槽	2,271リットル×2(最大) または1,136リットル×1

性能

最大水平速度	マッハ2.0(高高度) /マッハ1.1(低高度)
着陸形態最大速度	300ノット(556km/h)
離陸形態最大速度	300ノット(556km/h)
戦闘行動半径	450浬(833km) /対艦攻撃

加重限界

重量12,000kgまで	+9G/−3G
重量22,000kg	+4.8G/−1.6G

乗員

1名

F-2B(F-2Aと異なる部分のみ)

重量

空虚重量		9,663kg
機内燃料重量(総重量)		3,099kg
機内燃料重量(使用可能重量)		3,605kg
設計最大総重量		22,100kg
離陸重量	空対艦ミサイル×4+WVR空対空ミサイル×4+600ガロン(2,271リットル)増槽×2	20,198kg
	500ポンド(227kg)誘導爆弾×6+WVR空対空ミサイル×2+600ガロン(2,271リットル)増槽×2	19,569kg
	BVR空対空ミサイル×4+WVR空対空ミサイル×4	15,392kg
	WVR空対空ミサイル×2	13,412kg
	クリーン	13,230kg
最大着陸重量		18,300kg
機外最大搭載重量		8,085kg以上

燃料容量

機内	3,948リットル
機内使用可能量	3,940リットル
増槽	2,271リットル×2(最大)または1,136リットル×1

乗員

2名

第 2 章

F-2のテクニカル・ガイダンス

ここでは、F-2の機体の設計や搭載電子機器、兵装など、F-2を強力な支援戦闘機にしている各種の要素を見ていくことにします。

機体構造①　胴体
—最小の重量で最大の構造効率を実現

F-2の基本的な機体構造は、胴体に主翼と尾翼を取り付ける構成で、胴体は前部胴体、中央胴体、後部胴体に3分割されています。主翼は中央胴体に、尾翼は後部胴体に取り付けられます。

また、別構造になっている空気取り入れ口が前部胴体下面に装着され、その上にコクピットが配置されています。最先端部は、レーダーを収めて流線形に整形したレドームと呼ばれるカバーになっています。レドームは、電波を通す必要性からプラスチック系の素材でつくられています。

後部胴体下面には、2枚の小さなフィンが取り付けられています。空気取り入れ口は、F-16と同じ簡素な固定式システムが使われています。

胴体は、全体的にアルミ合金を主体とする金属製で、多数桁

に少数の縦通材を組みあわせた構造です。これはベースとなったF-16を基本的に踏襲しており、重量を最小に抑えつつ、最大の構造効率を得られる胴体設計です。加えて、電子機器などの搭載装備品や燃料タンクなどを内部に設けるのに適した構造でもあります。

電子機器室は前部胴体内に設けられていて、レーダーやミッション・コンピュータ、航法装置、飛行操縦コンピュータ、電源など、様々な装置がおもにコクピット後方に置かれています。

中央胴体の内部には、胴体構造と一体化したインテグラル・タンクと呼ばれる燃料タンクがあります。後部胴体も前方部にインテグラル・タンクがありますが、そのほかの多くの部分はエンジンが占めています。

F-2の胴体構造や使用素材は基本的にF-16に準じており、前部胴体部の単座型と複座型（写真）の差異もまたF-16と同じである。単座のF-2Aと複座のF-2Bでは全長が異なるが、これはF-2Bの前部胴体が後席を追加したために長くなっているためであり、これ以外の部分で長さの違いはない

機体構造② 主翼
—F-16から格段に大きくなった面積

F-2で、F-16からもっとも大きく設計が変えられたのが**主翼**です。FS-Xで要求された空対艦ミサイル4発の携行を可能にするために大型化され、また必要な行動半径を満たすための燃料を収められるよう厚さを増して内部容積を増やしています。さらに左右の主翼はそれぞれ、炭素繊維強化プラスチック(CFRP)による一体成型でつくられていて、製造技術の点では21世紀のものを先取りしていたといえます。このCFRPは、ボーイング787やエアバスA350XWBのような最新旅客機では、機体構造の約50%に用いられている素材です。

主翼は面積がF-16の27.87m^{2}から34.84m^{2}へと**大幅に増加**し、前縁に空戦フラップ、後縁にフラッペロン(フラップとエルロンの機能を兼ねた動翼)を有する点はF-16と同じです。これらの**動翼も主翼と同様に面積が増加**しており、空戦フラップはF-16の左右合計3.41m^{2}からF-2では4.70m^{2}に、フラッペロンはF-16の左右合計2.91m^{2}からF-2では3.96m^{2}になっています。なお最大作動角は変わらず、フラッペロンは上げ角·下げ角ともに30度、空戦フラップは上げ角3度、下げ角30度です。

主翼の形状もF-16のものによく似ていますが、**細かく設計が変更**されています。まず、前縁の後退角(取り付け部から後方に向けて延びている角度)は、F-16の40度から33.2度に減らされています。さらに、F-16は後縁が機体中心線に対して直角になっていますが、F-2では後縁に約6.5度の前進角が付けられています。そのほかの主翼関連の数値を記しておきますと、縦横比は3.35、翼厚比4.3%、翼端ねじり下げ角2.5度などとなっています。

F-2の大きな特徴の1つが大型化された主翼である。この写真のアングルで見ると、大面積の主翼であるがゆえに、F-16とはかなり異なった印象を受ける

主翼は面積を拡大したほか、前縁後退角も変更されている。動翼も面積が増えているが、構成はF-16を受け継いでいる

機体構造③　尾翼
—主翼と同様に面積が増大

F-2の尾翼は、左右の水平尾翼と1枚の垂直尾翼を組みあわせた標準的な構成で、加えて後部胴体下部左右に小さなフィン（ベントラル・フィンといいます）が付いています。これらはF-16と同じ構成で、水平尾翼は全遊動式になっており、昇降舵としての機能を果たしています。垂直尾翼後縁には方向舵が付いています。

尾翼は主翼と同様に、機体の大型化に対応して面積が増やされており、水平尾翼は、後縁翼端部を斜めに欠いた形状はF-16のままですが、左右合計の面積がF-16の5.92m^2から7.05m^2になっています。昇降舵としての作動範囲は、上下に最大で25度になっています。一方、垂直尾翼は、基部にある延長部（ドーサル・フィンといいます）を除いた面積が5.09m^2で、面積、形状ともにF-16と同じものが使われています。その後縁にある方向舵の面積も1.08m^2で、F-16から変わっていません。方向舵の作動角は、左右各30度です。

水平安定板の面積がF-16から増やされたおもな理由は、回復不可能な失速に陥ってしまうディープ・ストールに対する耐性の確保と、大型化によって心配された離着陸性能の悪化を回避するためでした。また、垂直安定板の面積を増やしたのは、大きな迎え角で飛行しているときも良好な方向安定性を得られるように面積を割りだしたからです。

後部胴体の左右下面に各1枚のベントラル・フィンがありますが、面積の合計は1.50m^2で、それぞれが外側に15度傾けて取り付けられており、素材も含めてF-16と同一のものです。このフィンは、超音速飛行時の方向安定性を確保するために付けられています。

水平尾翼はF-16と同様に全体が動く全遊動式で、こちらも主翼と同じく面積が増やされている

垂直尾翼は形状・面積ともにF-16と同じである

02-04 機体構造④ キャノピーとコクピット
——一体型ではなくなった風防とキャノピー

F-2のコクピットは前部胴体にあり、キャノピーによって覆われています。F-16では後ろヒンジ式の一体型キャノピーが使われていますが、F-2では風防とキャノピーが分けられています。

これは、支援戦闘機が超低空で任務飛行することが多いと想定され、その結果、鳥が衝突する可能性が高まることから、前面の強度を上げて耐性を高めて、より確実にパイロットを守るためにとられた措置です。

キャノピーは電動で開閉し、通常はコクピットにあるレバーで操作します。レバーにはロック機構も付いています。キャノピーを完全に閉めてロックすると、コクピットはまったく隙間なく密閉されます。

外気とは34.48kPaの圧力差が保たれ、機内は飛行高度よりも低い気圧高度を得られます。これが機内与圧システムと呼ばれるもので、旅客機にも使われています。なお、旅客機ではより大きな圧力差のシステムが使われていますので、10,000mのような高高度を飛行していても、多くの機種で客室高度は8,000フィート(2,438m)程度に保たれています。

しかし、こうしたシステムは複雑であり、また重量がかさんでしまうため、軽量化が求められる戦闘機には使われていません。F-2の場合は、高度8,000フィートまでコクピット内の気圧高度は外気圧と同じ(つまり与圧されない)で、それ以上の高度では飛行高度が上昇するとコクピット内の気圧高度も上昇、前記した一定の気圧差をもって、コクピット内のほうがわずかに低い気圧高度になります。

F-2がF-16と大きく異なる点の1つがキャノピーだ。F-16は一体型で、全体が後ろヒンジ式で開いたが、F-2は風防と後ろヒンジ式キャノピーに2分割された。支援戦闘機は任務上、超低空飛行が多くなって鳥と衝突する可能性が高まることから、安全性を確保するために風防を独立させて強度を高めたのである

機体構造⑤　射出座席
—緊急時はわずか0.17秒で脱出完了

F-2の座席には、もちろん**射出座席**が使われています。射出座席はF-16と同じものを装備しています。マクダネル・ダグラスが開発したACES Ⅱ（エイセズ・ツー）と呼ばれるもので、アメリカ空軍の共通射出座席であり、戦闘機だけでなくA-10攻撃機やB-1B爆撃機にも使われています。共通射出座席が開発された背景には、訓練を一本化できること、スペア部品を大量に一括購入できて経費を節約できることなどがありました。

この射出座席を最初に装備したのはA-10Aで、1970年代中期に実用化しました。F-16用のものでは、格闘空中戦時などにパイロットがより高い飛行荷重（G荷重）に耐えられるようにするため、背当て部を30度後方に傾けたリクライン・タイプになっており、F-2でも同じものが使用されています。射出座席自体の重量は約58kgで、CKU-5/Bというロケット・モーター（推力2.98kN）で射出されます。

脱出操作は、座席中央でパイロットの股の位置に付いていて2つの輪があるグリップ・ハンドルを引くことで行います。通常は**0.17秒で脱出を完了**して、主傘（パラシュート）を引きだす補助傘が飛びだし、1.17秒以内にパラシュートが開きはじめます。脱出可能な高度は、海面高度（0m）から50,000フィート（15,240m）、速度は0km/hから600ノット（11,112km/h）です。

脱出操作をすると、通常はまずキャノピーが吹き飛ばされますが、**キャノピーが残った状態でも突き破って脱出できます**。複座型では、前席後席のいずれが操作しても、後席が先に飛びでて、約1秒後に前席が射出されるシークェンサーが備わっています。

F-2のパイロットが座る座席は、ACES Ⅱゼロ・ゼロ射出座席である。F-16と同じアメリカ空軍の共通射出座席だ。航空自衛隊機では、F-15J/DJもこの座席を装備しているが、F-2用のものは、これもF-16と同様に背当て部が大きく後方に30度傾けられていて、パイロットの耐G性を高めている

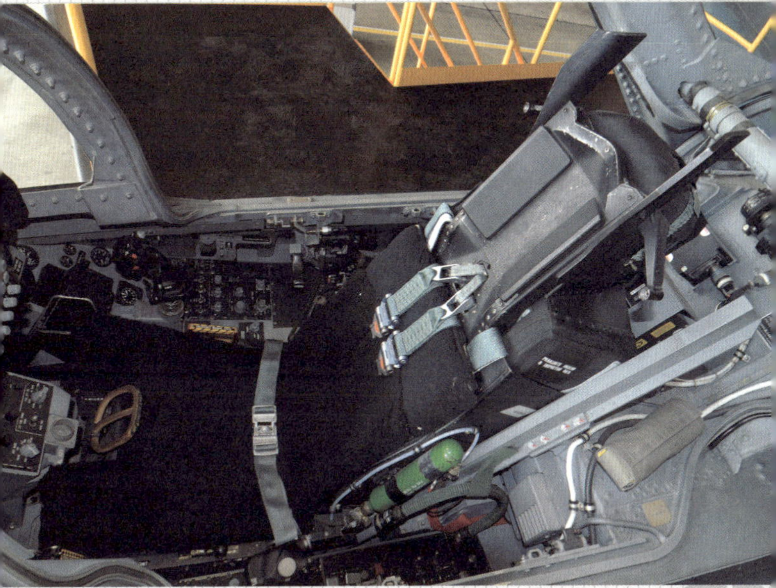

コクピットの概要
―グラス・コクピットを採用

F-2のコクピットは、複数の多機能表示装置（MFD）を使用した、いわゆるグラス・コクピットです。ちなみに、F-2は航空自衛隊初のグラス・コクピット機でもあります。F-2のコクピットの設計では、想定されている各種の任務がパイロット1名で遂行できるよう、適切な表示、警報、操作を可能にするために、視認性と操作性が十分に考慮されています。

コクピットは、こうした表示装置を配置した正面の主計器盤に加えて、サブ・パネル、左右のサイド・コンソール、中央のセンター・コンソールで構成されます。スティック・グリップ（操縦桿）は右サイド・コンソールに配置され、エンジン・パワーを調節するスロットル・グリップは左サイド・コンソールに配置されています。

方向舵を操作するペダルは、通常の航空機と同様に左右の足下にあり、中央コンソールのハンドルで位置を調節できます。グラス・コクピットなので、主要な情報は各種の表示画面に映しだされますが、カウンター針を組みあわせた、従来型のエンジン関連計器（回転計、温度計、燃料計など）も装備されています。

02-04で記したように、コクピットには機内与圧システムが備わっています。また、乗員への酸素の供給のために、機上酸素発生装置（OBOGS）を備えています。これは、エンジンの抽出空気の中から酸素だけを分離して乗員に供給するシステムで、通常時は21％の濃度（最大濃度ならば95％）の酸素を、毎分0～200リットルの範囲で供給します。OBOGSの故障に備えて、F-2にはバックアップの酸素システムも装備されており、地上で気体酸素が充填され、故障時には自動的に切り替わります。

F-2Bの前席コクピット。レイアウトなどは、単座型のF-2Aとまったく同じである

前席コクピット(F-2A、F-2B)

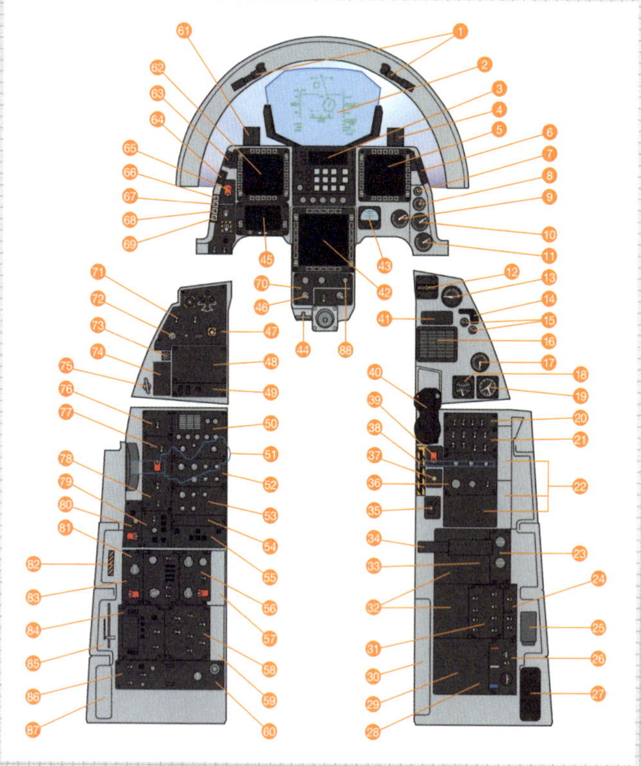

1 ロック/シュート灯
2 ヘッド・アップ・ディスプレー(HUD)
3 統合型操作パネル
4 前脚ステアリング指示灯
5 多機能表示装置(MFD)
6 警報灯
7 潤滑油圧力計
8 エンジン排気口位置指示計
9 燃料流量計
10 エンジン回転計
11 ファン・タービン入り口温度計
12 磁気コンパス
13 燃料計
14 油圧パネル

⑮油圧指示計
⑯警告灯パネル
⑰緊急時動力ユニット燃料計
⑱コクピット高度計
⑲時計
⑳センサー操作パネル
㉑ヘッド・アップ・ディスプレー（HUD）操作パネル
㉒空きパネル
㉓空調装置操作パネル
㉔防除氷装置操作パネル
㉕ユーティリティ照明
㉖酸素装置パネル
㉗地図収納部
㉘空きパネル
㉙データ移送ユニット
㉚地図ケース
㉛電子機器電源パネル
㉜空きパネル
㉝秘話装置操作パネル
㉞腕乗せ
㉟音声停止スイッチ
㊱照明操作パネル
㊲姿勢回復エンゲージ・スイッチ
㊳手首乗せ
㊴主ゼロ化パネル
㊵スティック・グリップ
㊶パイロット用装備故障リスト表示装置
㊷多機能表示装置（MFD）
㊸予備姿勢儀
㊹ペダル調節レバー
㊺予備表示装置
㊻モード選択ユニット
㊼降着装置操作レバー
㊽チャフ/フレア操作パネル
㊾無線機送信パネル
㊿UHF無線機操作パネル
(51)スロットル・グリップ
(52)オーディオ1操作パネル
(53)オーディオ2操作パネル
(54)電子戦操作パネル
(55)機上ビデオ録画操作パネル
(56)機外照明パネル
(57)空きパネル
(58)手動トリム操作パネル
(59)空きパネル
(60)耐Gパネル
(61)迎え角指示計
(62)多機能表示装置（MFD）
(63)主警報灯
(64)警報灯
(65)機能選択スイッチ
(66)故障確認スイッチ
(67)警報リセットスイッチ
(68)敵味方識別装置確認スイッチ
(69)スイッチ類パネル
(70)中央各種パネル
(71)降着装置関連パネル
(72)搭載品仕様スイッチ
(73)スピード・ブレーキ指示計
(74)電子支援操作パネル
(75)代替降着装置操作ハンドル
(76)空きパネル
(77)エンジン始動パネル
(78)主ピッチ・オーバーライド・スイッチ
(79)電気装置操作パネル
(80)エンジン動力ユニット操作パネル
(81)予備無線機パネル
(82)キャノピー投棄ハンドル
(83)燃料操作パネル
(84)飛行操縦装置操作レバー
(85)霜取りレバー
(86)試験装置操作パネル
(87)地図収納部
(88)マーカー・ビーコン灯火

science of F-2

02-07

複座型のコクピット
―前席を簡素化した後席

F-2の基本型は単座のF-2Aですが、後席を設けてタンデム(縦列)複座にしたF-2Bもつくられています。一部の戦闘機では、後席を航法士や兵器システム専任の乗員にしている機種もありますが、F-2Bは操縦訓練を主眼にして開発されたもので、前・後席ともにパイロット(訓練の場合には教官パイロット)が乗り組みます。

こうしたことから、F-2Bの前席はF-2Aと同じコクピットで、後席はそれを簡素化したものになっています。スティック・グリップ、スロットル・グリップ、ラダー・ペダルは同じ位置にあるので、後席からも完全な操縦が可能です。コクピット内の主要装備品については後の項で取り上げますが、以下のように後席に装備されていないものもあります。

- ヘッド・アップ・ディスプレー(HUD)
- 統合型操作パネル(ICP)
- 予備コンパスなど

なお、主計器盤の表示画面の数や基本的な配置は変わっていませんし、多機能表示装置(MFD)に表示できる内容も同じです。

左右のサイド・コンソールはかなり簡略化されていますが、これは、基本的に後席が操縦するだけで、センサーや無線機類は前席が操作するためです。

座席は前席と同じ射出座席で、背あて部はやはり30度後ろに傾いています。02-05で記したようにいずれの席からも脱出操作ができ、かならず後席から先に射出されます。

F-2Bの後席の主計器盤。多機能表示装置（MFD）と予備表示装置の配置が、前席とは若干異なっている。ヘッド・アップ・ディスプレー（HUD）などもない

02-08 スティック・グリップとスロットル・グリップ
—左右サイド・コンソールに配置

F-2のスティック・グリップは、右サイド・コンソールにあって、右手でのみ操作できます。スティック・グリップは通常、ジョイスティックのように360度あらゆる方向に動きますが、F-2のものはほとんど動かず、力がかけられた方向と強さでパイロットの操縦意図を判定します。これは**フォース・コントロール方式**と呼ばれるものです。

たとえば、前方に強く押す力がかけられると、飛行操縦コンピュータが「(通常の操縦桿でいうところの)操縦桿が目一杯前方に押された」と判断し、この操作にあわせて舵を動かすための作動

スティック・グリップ

右サイド・コンソールにあるスティック・グリップ。兵器発射やミサイルの切り替え、表示管理などの機能が割りあてられたスイッチ類が付いている。①の取り付け基部には、空対空ミサイルの選択スイッチがある

指令信号を発します。

スロットル・グリップは、ほかの戦闘機と同様に左サイド・コンソールにあります。スロットル・グリップは前後方向に動き、前方に動かすとエンジン・パワーが上がり、後方に動かすとパワーを絞ります。スティック・グリップとスロットル・グリップには下記のスイッチ類が付いており、これらから手を離さずに各種操作ができるHOTAS方式となっています。

スロットル・グリップ

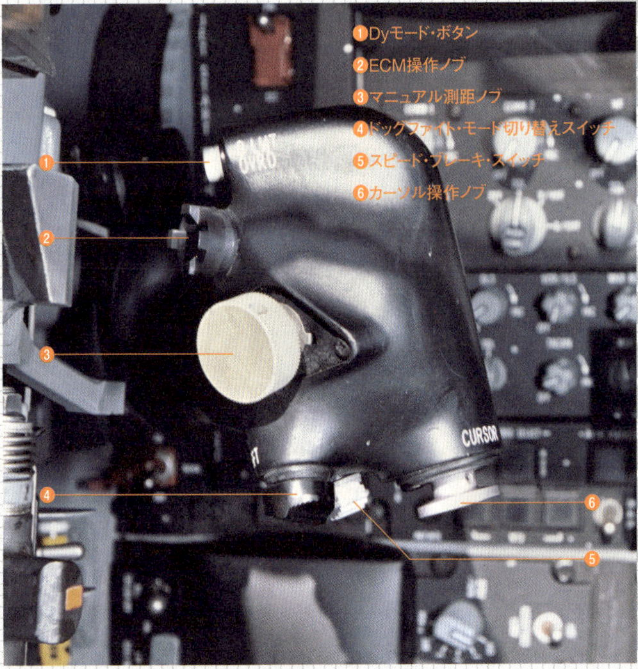

左サイド・コンソールにあるスロットル・グリップ。こちらにはレーダーのアンテナ操作ノブや電子戦、無線機などの操作スイッチ類、カーソル・ノブなどが付いている

02-09 表示装置❶ ヘッド・アップ・ディスプレー(HUD) —豊富な情報を表示可能

パイロットの正面には、広視野型のヘッド・アップ・ディスプレー(HUD)があります。このHUDは視野角が上下方向で20度以上、左右方向で30度以上という、横長の投影表示画面をもち、やや縦長のものと比較すると視野角が広く、画面や面積も増加しています。HUDに表示される情報は、基本的な飛行情報から照準情報や警報まで各種あり、攻撃時などのミッション最終段階では、基本的に主計器盤を見る必要がないほど、豊富な内容の情報を映しだします。

HUDのすぐ下にあるのが、入力操作用のキーパッドと表示パネル(20文字×4行の液晶)で構成される、統合型操作パネル(ICP)です。ICPは以下のような機能を有しています。

- **ミッション・マスター・モード(A/A:空対空、A/G:空対地)の選択、通信・航法・識別(CNI)機器をコントロールするための画面選択とデータ入力**
- **HUDの輝度調節**
- **CNI機器などのデータの表示**

このICPは、一般的にアップ・フロント・コントロール・パネルと呼ばれるものと基本的に同一です。

HUDシステムには、空中ビデオ・テープ・レコーダー(AVTR)が付いていて、飛行中のHUDの表示を録画し続けます。帰投後にそれを見ることで、たとえば訓練内容を振り返って反省点を見つけたり、空中戦訓練での撃墜判定を行うことができます。

ヘッド・アップ・ディスプレー(HUD)

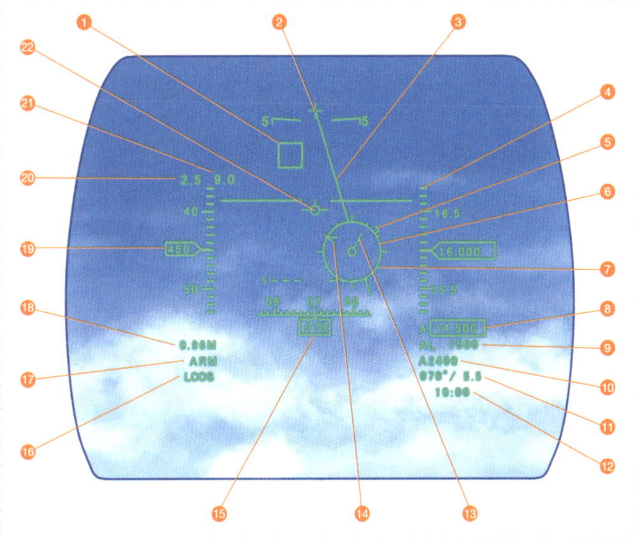

1. 空対空目標ボックス
2. ボアサイト・クロス
3. 見越し計算光学照準追跡ライン
4. 高度スケール(気圧高度)
5. 1秒間での飛行距離
6. 目標距離
7. 見越し計算光学照準レティクル
8. 電波高度
9. 最低高度
10. レーダー距離
11. ステア・ポイントへの方位と距離
12. ステア・ポイントまでの時間
13. ラグ・ライン
14. 接近率
15. 方位スケール
16. マスター・モード/サブ・モード表示
17. 兵装状態
18. マッハ数
19. 速度スケール
20. 現在のG荷重
21. 最大可能G荷重
22. 飛行パス・マーカー

表示装置❷ 多機能表示装置（MFD）
—火器管制から簡易フライト・プランまで

F-2の主計器盤には、アクティブ・マトリックス式のフル・カラー液晶パネルを使った3基の多機能表示装置（MFD）が配置されています。このうち、ICPの左右にあるものは4インチ（10.2cm）型で、ICPの下にある1基だけが5インチ（12.7cm）型です。4インチ型は4.25インチ（10.8cm）四方の、5インチ型は5.4インチ（13.7cm）四方の表示画面を有しています。

これらへの表示フォーマットは以下のようなものです。なお、これらは計画の初期段階で考えられていたものなので、開発作業や実用後の成果も反映されているはずですから、増減されている可能性はあります。

- 火器管制レーダー・フォーマット
- 警報フォーマット
- 電子戦フォーマット
- 飛行（ADI）フォーマット
- 航法（HSI）フォーマット
- 地図フォーマット
- 搭載品管理（SMS）フォーマット
- 飛行操縦コンピュータ整備データ・フォーマット
- 警報フォーマット
- 簡易チェックリスト・フォーマット
- 簡易フライト・プラン・フォーマット

各表示フォーマットは、どの表示装置に対しても表示できる互換性を有していて、冗長性がもたされています。表示内容の切り替えや機能の呼びだしなどは、表示画面の周囲にある20個の押しボタンと、四隅のロッカー・スイッチで操作します。また、キャラクター（文字）およびグラフィック表示のみでなく、ビデオ表示ももちろん可能です。

多機能表示装置（MFD）。前席にも後席にも各3基搭載されている。様々なフォーマットを切り替えて表示できる

火器管制レーダーモード

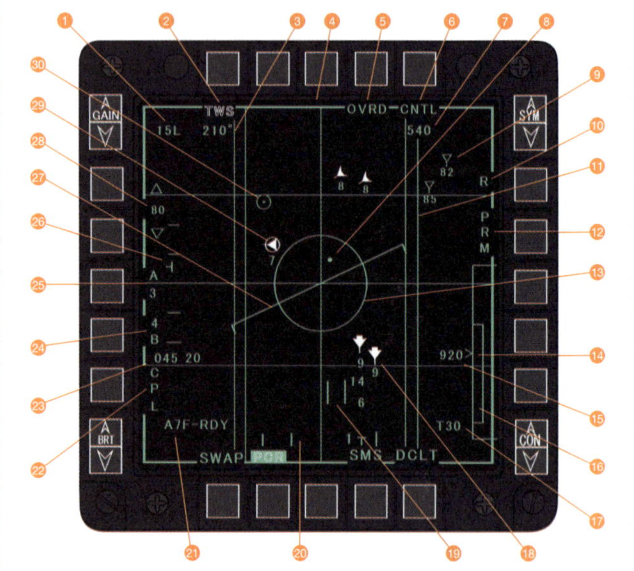

1 目標のアスペクト角
2 レーダー・モード
3 目標方位
4 ソレノイド指示器
5 スタンバイ/オーバーライド選択表示
6 操作ページ選択表示
7 目標速度
8 ステアリング・ドット
9 データリンク目標
10 カーソル操作モード表示
（レーダー/敵味方識別）
11 方位走査限界線
12 データリンク目標選択表示（1位/2位）
13 ステアリング・エラー可能円
14 目標距離指示
15 目標接近率
16 発射可能ゾーン
17 残時間
18 バグ目標（射程内）
19 捕捉カーソル
20 方位走査指示
21 兵装発射状態
22 敵味方識別操作カップリング選択表示
23 目標方位/距離
24 高度バー選択表示
25 方位走査選択表示（10/30/60）
26 アンテナ上下位置表示
27 姿勢表示
28 選択した距離
29 レーダー追跡/敵味方識別目標
30 敵味方識別目標

搭載品管理モード

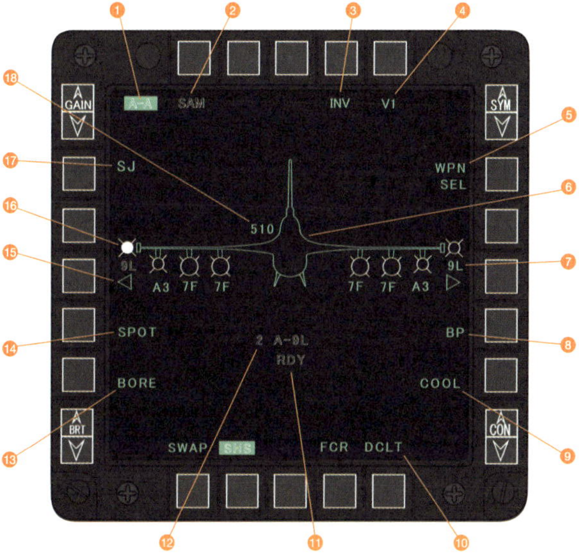

1. マスター・モード表示
2. サブ・モード表示（兵器選択）
3. 搭載品ページ選択
4. 目視識別選択表示
5. 兵装選択表示
6. 機体シンボル
7. 兵器タイプ
8. スレッショルド探知可能/バイパス表示
9. AIM-9Lシーカー状態（冷/暖）
10. クラッター除去オプション表示
11. 選択した兵器の状態
12. 選択した兵器の種類と量
13. AIM-9Lの照準線モード表示
14. AIM-9Lの視野表示
15. ミサイル・ステップ表示
16. 選択したミサイルのシンボル
17. 選択投棄可能
18. 機関砲残弾数

電子戦モード

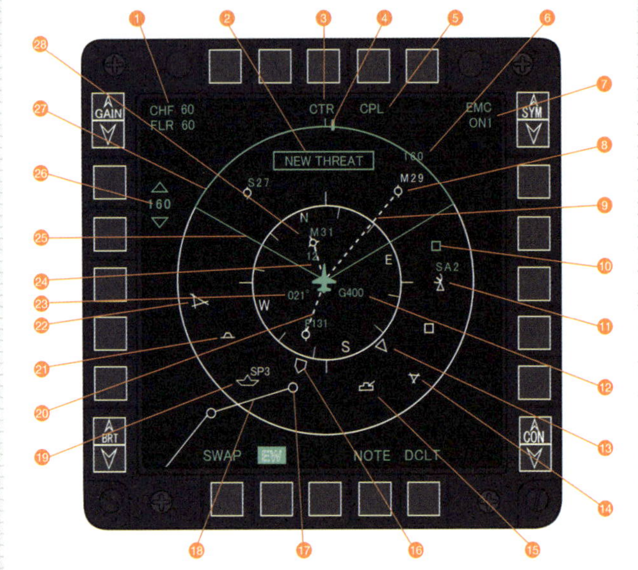

1 チャフ/フレア残数
2 新しい脅威の表示
3 航空機シンボル位置選択表示（中央/下）
4 地上追跡/ドリフト角
5 火器管制レーダーと連接する選択した距離
6 選択した距離スケール表示
7 電磁制御装置状況表示
8 航空機脅威
9 電子戦目標位置表示
10 不明目標
11 既知目標
12 対地速度
13 TACAN方位ポインター
14 選択しているTACAN
15 地上目標
16 ステア・ポイント方位表示
17 ステア・ポイント表示
18 航法経路
19 艦船脅威
20 脅威追跡位置表示
21 戦闘空中哨戒ポイント
22 飛行場（基地）
23 磁方位
24 バグ目標表示
25 火器管制レーダー覆域
26 選択した距離
27 距離円
28 レーダーで追跡している脅威目標

地図モード

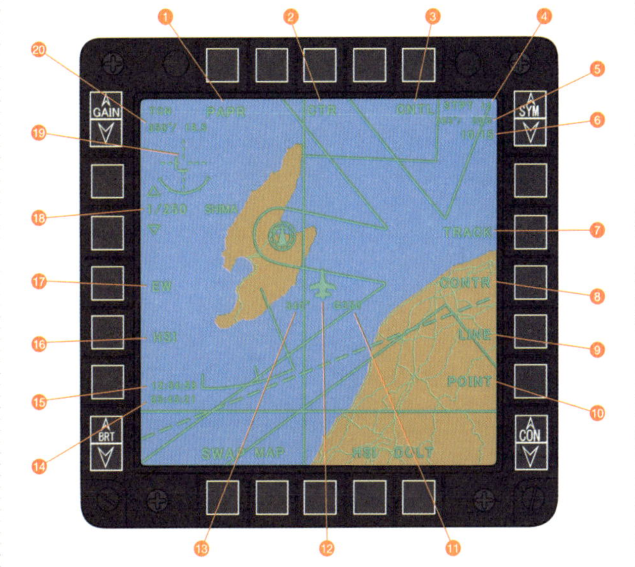

1 地図種類表示(紙/電子)
2 航空機シンボル位置表示(中央/下)
3 操作ページ選択表示
4 選択したステア・ポイント
5 ステア・ポイントへの方位と距離
6 ステア・ポイントまでの時間
7 表示方向(方位上/北上)
8 地形地図表示
9 ライン要求
10 ポイント表示
11 対地速度
12 航空機シンボル
13 磁方位
14 システム時間
15 ハック・タイム
16 水平状況表示オーバーライド表示
17 電子戦オーバーライド表示
18 地図縮尺
19 トリム表示
20 TACANへの方位/距離

表示装置❸ 予備表示装置と警報装置
—緊急時はここに飛行情報を表示

予備表示装置は、単座型と複座型の前席は左MFDの下に、複座型の後席は計器盤の中央で左右に2基並べられた4インチ型MFDの真ん中下にあります。**HUDやMFDに基本的な飛行情報が表示できなくなったときなどに使うもの**で、幅9.2cm、高さ6.0cmの小型カラー液晶画面を有し、以下のような情報などを表示します。

- ○ **対気速度**
- ○ **マッハ数**
- ○ **気圧高度**
- ○ **磁気方位**
- ○ **最大荷重**
- ○ **旋回率**
- ○ **迎え角**
- ○ **昇降速度**
- ○ **トリム量(ピッチ/ロール/ヨー)**
- ○ **気圧設定**

また、画面下には通常形式の横滑り計が付いています。画面はカラーですがフル・カラー表示機能はなく、8色カラー表示です。画面左下には最大荷重リセット・ボタンが、右脇には気圧高度計の気圧設定操作装置がありますが、もちろん予備表示装置のものについてのみ有効な装置です。

警報装置は、警告灯パネル、主警報灯、警報灯、ロック/シュート灯、故障確認スイッチで構成され、右サイド・コンソール前方と主計器盤左右上部に配置されています。右サイド・コンソールには、パイロット用装備故障リスト表示装置も配置されていて、機体の異常や不具合などをパイロットに知らせます。あわせて、警報音や音声などによる聴覚用警報通告手段も備わっています。これらの警報システムもまた、開発・実用化が進むなか、常に見直しや改良が続けられています。

予備表示装置の表示内容

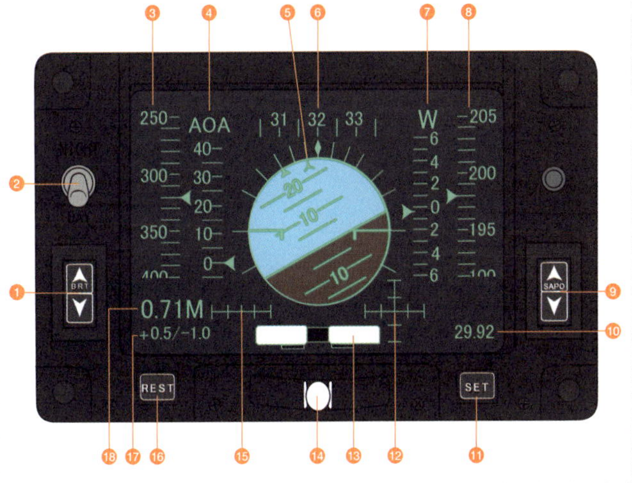

1 輝度調節装置
2 昼/夜切り替えスイッチ
3 対気速度
4 迎え角
5 姿勢
6 磁気方位
7 昇降速度
8 気圧高度
9 気圧設定操作装置
10 気圧設定表示
11 標準気圧/設定気圧値へのリセット・ボタン
12 トリム量表示(ピッチ/ロール)
13 旋回率
14 横滑り計
15 トリム量表示(ヨー)
16 最大荷重リセット・ボタン
17 最大荷重表示
18 マッハ数

02-12

降着装置
―故障時は空気(窒素)圧で作動

F-2の降着装置は**前脚式3脚で、いずれも単車輪装備**です。配置はF-16を踏襲して、前脚は前部胴体の空気取り入れ口下に、主脚は中央胴体下側に取り付けられています。もちろん引き込み式で、コクピット内の操作レバーにより、各脚に備わっている扉とともに、電気系統による制御のもと、油圧システムで扉が開閉し、脚も上げ下げされます。

主脚は、車輪の向きを胴体内で最適な方向にするために、約107.5度回転して中央胴体内に収容され、前脚は約85度回転して空気取り入れ口ダクト内下側に収められます。油圧および電気系統が故障したときは、空気(窒素)圧で各脚と扉を動かすことによる緊急作動も可能です。脚柱内には、各脚とも空気圧を使った緩衝機構を備えています。

これにより、F-2Aの着陸重量が12,400kgならば、毎秒10フィート(3.05m)の沈下率での着陸荷重に耐える強度が確保され、最大着陸重量の18,300kgならば、毎秒6フィート(1.83m)の沈下率での着陸荷重に耐える強度が確保されています。

前脚は、方向舵ペダルの踏み込みによりステアリングを操作でき、幅50フィート(15.24m)の滑走路上で180度の方向転換が可能です。ただし、**緊急脚下げ機構**を使用するとステアリング機能が使えなくなるので、この機構を用いて着陸した場合は、車輛による牽引などで滑走路から駐機場などに戻ることになります。

ステアリング操作は、左右の方向舵ペダルを踏み込んで行い、飛行操縦コンピュータを介して制御するステアリング・バイ・ワイヤで、油圧システムにより作動します。

ステアリング・バイ・ワイヤで操向されるF-2の前脚。前脚扉にライトが内蔵されている点は、F-16を受け継いでいる

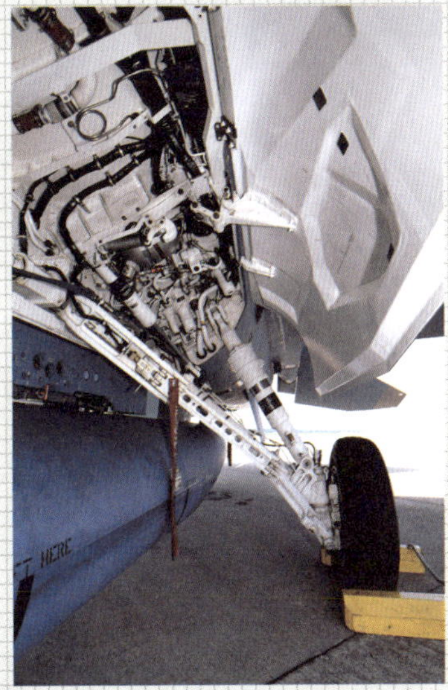

F-2の主脚には、ブレーキ・バイ・ワイヤ方式のカーボン・マルチディスク・ブレーキが装備されている

制動装置
―車輪ブレーキとドラグ・シュート

通常、F-2の着陸制動には**車輪ブレーキ**と**ドラグ・シュート**が使用されます。車輪ブレーキは主脚の左右車輪のみにあって、前輪にはありません。左右の方向舵ペダルを踏み込んで操作し、一方を踏み込めば両車輪のブレーキが、ともに電気系統により作動します。また、アンチスキッド機能も備わっています。さらにパーキング・ブレーキ機能も有していて、機体が停止したあとに方向舵ペダルの上部を左右一緒に踏み込むとパーキング・ブレーキがかかります。

F-16は、アメリカをはじめ多くの国でドラグ・シュートを装備していませんが、ノルウェーなど装備した国も少なくありません。F-2のものはF-16のものに準じていて、垂直尾翼後縁付け根部にある箱形の収容部に収められており、パイロットがハンドルを引くと開傘します。直径は7.01mで、170～190ノット(315～352km/h)が開傘の上限速度です。

緊急制動用として、後部胴体下面には**拘束フック**を備えており、滑走路上のワイヤを引っかけて停止できます。空気(窒素)圧によって下がりますが、引き込む機構は付いていないので、こちらは地上での手作業になります。

このほか、F-16と同様に減速用として、左右の水平尾翼後縁付け根部に、上下開き式の**スピード・ブレーキ**があります。これは二次飛行操縦翼面の1つで、飛行中と地上の双方で使えます。

スピード・ブレーキは上下分割式で、着陸時の開度は41.5度です。飛行中にも減速などの目的で使えますが、この場合は開度が60度に増えます。開いた状態での左右総面積は1.32m²です。

胴体最後部に収納されたドラグ・シュート。F-1やF-4EJは収納部に開閉式の蓋があるが、F-2に蓋はない。パイロットが操作するとまず抽出傘がでて、それが直径7.01mの主傘を引きだして開傘させる

後部胴体下面にある、引き込み式の緊急時用拘束フック。緊急時用の装備品なので、作動を確実にするため空気（窒素）圧で下げる。使用後はスプリングによって上がり、途中まで引き込まれるので地上走行もできる

タッチダウン後に、ドラグ・シュートを開いて減速する第6飛行隊所属のF-2A。もともとF-16はドラグ・シュートが標準装備品ではなかったが、ノルウェーが最初に装備を決め、その後も着陸滑走距離を短縮したい国が導入した。航空自衛隊も着陸時の安全性を考慮し、いっそう高い制動力を得るためドラグ・シュートの装備を決め、それらの国のF-16と同じものを使用している。通常は写真のように機体後部のエアブレーキも開いて、さらに大きな制動力を得ている

エンジン
—アフターバーナー付きターボファン

F-2のエンジンについては当初から、F-16用のプラット＆ホイットニーF100かジェネラル・エレクトリックF110いずれかの推力増加型を装備することとされました。

両社からの提案を比較審査したすえ、1990年12月21日にF110-GE-129の選定が発表され、あわせて石川島播磨重工業（現・IHI）でのライセンス生産が決められました。こうしてF-2は、エンジンだけでいえば、F-16C/Dブロック50と同等の機種となったのです。

F110は、ジェネラル・エレクトリックが派生型戦闘機用エンジンとして開発したF101を発展させたアフターバーナー付きターボファンで、アメリカ空軍が戦闘機用代替エンジンとして選定したものです。これでF-16C/Dブロック30/32以降では装備エンジン

について、F100とF110のいずれかをユーザーが選択できるようになりました。

F110はターボファンではありますが、戦闘機の胴体内に収めるためファン直径は1.18mで、バイパス比は0.68しかありません。全長は4.62m、乾重量は1,805kgです。最前部にあるファンは3段になっていて低圧圧縮機として機能し、その後に9段の高圧圧縮機、アニュラー型燃焼室、1段の高圧タービンと2段の低圧タービンというコア・エンジンになっています。

全体圧縮比は、最大で30.4:1にまでなります。エンジン最後部の排気口にはアフターバーナーによる推力増加装置が付いていて、ドライ（アフターバーナー不使用時）の最大推力75.6kNが、アフターバーナーを使うと131.2kNにまで増加します。

F-2の装備エンジンである、ジェネラル・エレクトリックF110-GE-129アフターバーナー付きターボファン。最前部はファンだが、ジェネラル・エレクトリックは戦闘機用エンジンにおいて、ファンを低圧圧縮機として扱っており、3段を設けている。ファン部からのバイパス比は0.68である

Column 02

木製の実物大モックアップがつくられた!

航空機の開発に際しては、モックアップと呼ばれる実物大の木製模型がつくられました。これは、設計の確実性や装備品の配置が妥当かなどを、実際に確認するためのものです。コンピュータ設計が進んだ今日では、コンピュータ・グラフィックスを活用した電子モックアップが木製モックアップに取って変わっていて、実物大の模型はつくられなくなりましたが、F-2ではまだ、その技術が確立されていなかったことから、木製の実物大モックアップが製造され、1992年6月19日に三菱重工業小牧南工場で公開されました。モックアップには電子戦用アンテナも再現されていて、さらにそのアンテナの用途を書いた紙が貼られるなど、親切なものでした。

F-2Aの実物大モックアップ。あわせて、F-2Bの前部胴体部や増槽、ASM-2の実物大モックアップも一緒につくられている

第3章

次期支援戦闘機(FS-X)計画の全貌

ここでは、F-2が誕生する契機となったFS-X計画の発端から、国内開発案を含む検討対象とそれぞれの問題点、そして最終決定に至る経緯を記していきます。

03-01

FS-X計画のスタート
—F-1の配備からわずか4年後に開始

防衛庁（現・防衛省）が、国産の超音速支援戦闘機三菱F-1の後継機について検討を開始したのは、1981年のことでした。F-1の実戦部隊への配備開始が1977年9月でしたから、そのわずか4年後に、早くも後継機の必要性が唱えられはじめたのです。

F-1は、日本がはじめて独自開発し、実用化させた超音速戦闘機で、技術的には十分に価値はありました。しかし戦闘機としての能力を当時の世界の一流機と比べると、**ある程度劣っていることは確か**でした。このため「その分、後継機種の手当も早くスタートしておかなければならない」と考えられたのです。この時点では、昭和58～62（1983～1987）年度にかけて24機が必要になると見積もられていました。

ただその後に、F-1の機体寿命の見直しと延長などが行われた

ことで、F-1の退役開始が1994年ごろまで延びるとされて時間的な余裕が生じ、また装備機数についても、防衛計画の大綱で示されている支援戦闘機部隊3個飛行隊分の100機を目標とすることになりました。

後継機の具体的な機種については、外国製機の輸入（ライセンス生産を含む）と日本の独自開発の2案がありました。こうして導入の可能性がある外国機の調査を進めるとともに、国内開発が可能であるかについても並行して調査されました。

そして国内の航空産業などを調べた結果として、防衛庁の技術研究本部が1985年9月17日に「国内開発できる可能性あり」とした最終的な報告書をまとめ、これで**外国製機3機種と国内開発機が、FS-Xの候補機種に挙げられることとなった**のです。

1977年に作戦部隊への配備が開始された三菱F-1だったが、1981年にはその後継機となる「FS-X」についての検討が開始された。F-1は最終的に77機が製造されて、1987年3月に納入を完了している。写真は築城（ついき）基地所在の第8航空団第6飛行隊所属機

カラフルに塗り分けられたASM-1空対艦ミサイルの訓練弾を搭載して編隊飛行する、第6飛行隊所属のF-1。機体と並行して対艦ミサイルも開発できたことで、F-1は航空自衛隊の支援戦闘機として効果的な兵器システムとなって完成した。ASM-1の最大搭載数は2発で、あわせて両主翼端にWVR空対空ミサイル各1発と、胴体中心線下に220ガロン（833リットル）増槽1本を搭載できた

70-8208
70-8276

検討対象
―外国製候補機3機種だけでなく国産も視野に

防衛庁（当時）がFS-Xの候補機種として選んだ外国製機は次の3機種でした（社名はいずれも当時のもの）。

- ○ジェネラル・ダイナミックスF-16Cファイティング・ファルコン
- ○マクダネル・ダグラスF/A-18Aホーネット
- ○パナビア・トーネードIDS

そして1985年10月11日、これら3社に対して、「FS-X計画に機種を提案し、性能などの情報を提示する意思があるか」「採用された際に国産化を認めるか」などや、機体の基本的な能力に関する事項をまとめた質問書を送ることを決定しました。回答期限は、わずか2カ月余り後の1986年1月末でしたが、全社が回答を

提出し、防衛庁は必要な情報を得られたので内容の精査を開始しました。

一方で、国内開発機については前記したとおり、まず可能性に関して調査されて、「可能性あり」との結論がでています。この調査内容の詳細は明らかになっていませんが、「航空自衛隊が要求しているFS-Xの能力を満たす戦闘機を国内で開発できるか」ということがもっとも大きなポイントだったことは確かです。

その要求の具体的な内容は01-03で記したとおりで、国内の航空産業界は、「すべての要求を満たす戦闘機を独自に開発できる」との回答を寄せたのです。また日本の重工業各社は、公表はしませんでしたが、ある程度おおまかな独自の機体の構想なども まとめ上げていました。

主翼下と胴体下に、計8発のMk82 500ポンド(227kg)爆弾の訓練弾を搭載して編隊飛行する第3飛行隊所属のF-1。この形態では増槽を携行できないので戦闘行動半径が大幅に小さくなってしまい、実用的な機外搭載品仕様とはいえない

外国製候補機①
—F-16Cファイティング・ファルコン

アメリカ空軍は、主力戦闘機として導入したF-15イーグルが大型で高級・高価であることから、より効率的に必要な戦闘機の機数を装備する必要がありました。そこで1974年3月に、F-15を補佐する空戦戦闘機（ACF）として採用を決めた小型・軽量の単発戦闘機が**F-16**です。F-16は、最初から大きな発展性を潜在的に備えていました。F-16の歴史や各タイプとその能力向上については、第1章にまとめてあるので、そちらをご覧ください。F-16は、F-15が採用された航空自衛隊の新戦闘機計画でも提案されて、そのときは敗れましたが別物に生まれ変わっていました。

F-16はアメリカ空軍で空戦専用の戦闘機として採用されたものですが、段階的に戦闘・攻撃能力が高められたことで、戦闘爆撃機F-4ファントムⅡの後継機としても装備されることとなったのです。その結果、アメリカ空軍によるF-16の導入機数は2,230機（F-16A～D全タイプと開発機の総計）と、F-15の制空型F-15A～Dの894機（ほかに戦闘爆撃型F-15Eが236機）を大きく上回る機数となりました。こうしてF-16はアメリカ空軍で、**空戦任務を補佐するのではなく、主力の戦術戦闘機となった**のです。

また高性能・高能力の戦闘機を安価に導入でき、さらに保守・維持性にすぐれていることが世界的にも高く評価され、22カ国で導入され、その受注総機数は4,540機に達し、2014年中期の時点でも製造が続けられています。アメリカのジェット戦闘機の最多製造機数はF-4ファントムⅡの5,195機（偵察型、ライセンス生産を含む）で、これを上回ることはほぼ不可能なようですが、**それに匹敵するベストセラー戦闘機となった**のです。

いちばん手前は、ペイヴウェイⅡレーザー誘導爆弾、AIM-9Mサイドワインダー、AIM-120 AMRAAMを搭載したF-16Cブロック40。F-16はブロック化による発展で、FS-X候補機としての資格を有したが、この時点では空対艦ミサイルの運用能力はなかった。アメリカ空軍がこの種の戦闘攻撃機に、対艦攻撃任務を付与していないためである
写真提供/ロッキード・マーチン

外国製候補機②
—F/A-18Aホーネット

アメリカ海軍のF-4ファントムⅡとA-7コルセアⅡの後継艦上戦闘攻撃機として1975年5月に採用されたもので、1978年11月18日に試験機となる全規模開発の初号機が初飛行しました。

F/A-18は、ノースロップYF-17（01-05参照）をベースに、マクダネル・ダグラスが艦上作戦機に必要な改修を加えたものです（社名はいずれも当時）。洋上作戦での安全性などからエンジンは双発で、機首にはF-15のAN/APG-63をベースに改良を加えたAN/APG-65レーダーを装備しました。改良点は、電子技術の進歩を取り入れて小型・軽量化したこと、空対地/空対洋上モードを加えて多機能化したことなどが挙げられます。

これにあわせて搭載可能な兵器類も多様化していて、最初からAGM-84ハープーン空対艦ミサイルの運用能力も備えていました（最大搭載数4発）。空対空戦闘でも、AIM-7スパローによる視程外距離（BVR）空戦能力があり、全天候戦闘の能力を備えていました。

F-14以降のアメリカ戦闘機の世代ではいちばん最後に実用化されたので、その間にあった電子技術の発展の恩恵をもっとも受けた機種でもあります。それを代表するのがコクピットで、まだ単色ではありましたが3基の表示装置を使用したグラス・コクピットが使われ、アメリカでこうしたコクピットを備えた最初の実用戦闘機となりました。全天候下で任務を遂行するための航法装置や目標指示装置なども、当時開発されていたなかで最新のものの使用が可能で、在来機と比較して戦闘・攻撃能力を格段に高めていました。

FS-Xの有力候補とも目されていたF/A-18ホーネット。アメリカ海軍はこの機種に空対艦攻撃任務も付与していたため、AGM-84ハープーン対艦ミサイルを最大で4発搭載できた
写真/青木謙知

外国製候補機③
—トーネードIDS

イギリス、西ドイツ（当時）、イタリアの西ヨーロッパ3カ国が、多用途戦闘航空機（MRCA）の計画名で協同開発した、**可変後退翼を使う縦列複座の戦闘攻撃機**です。開発の最大の目的は、冷戦当時、ヨーロッパでもっとも恐れられていたワルシャワ条約軍の強力な地上機甲部隊が、中央ヨーロッパへ進撃するのを阻止することでした。あわせてイギリス空軍は、特に全天候防空戦闘能力を求めたので、**阻止・攻撃型（IDS）**と**防空型（ADV）**の2タイプがつくられました。どちらもパイロットが前席に座り、後席には航法と兵器の専任乗員が乗り組みます。なお訓練型以外は、後席から操縦できません。

先に完成したのはIDSで、1974年8月14日に初飛行しました。多様な兵装の搭載による強力な対地攻撃力に加えて、可変後退翼と機首の地形追随レーダーを組みあわせた、超低空侵攻飛行能力を有しました。また、AS34コルモラン空対艦ミサイルによる対艦攻撃（最大搭載数4発）や戦術偵察能力も備えました。

1979年5月1日に初飛行したADVは、スカイフラッシュBVR空対空ミサイル4発を胴体下に搭載する全天候迎撃機として開発されました。ADVは、このミサイルの搭載位置を設けたことと、機首のレーダーをフォックス・ハンター迎撃レーダーに変更するなどしたため、胴体が1.36m長くなっています。

主翼の可変システムには、空中戦時、速度に応じて最適な後退角が得られる**自動システムが導入**されました。そのほか、エンジンやコクピットの基本設計など、多くの部分で両タイプの共通性が維持されています。

可変後退翼を使用したパナビア・トーネードの阻止・攻撃型トーネードIDS。対地/対艦攻撃力ではFS-Xの要求を満たせたが、空対空戦闘能力はおよばなかった
写真提供/MBDA

03-06 国内開発機
—共通していた3つの要素とは?

03-01で記したように、日本の航空産業界は「FS-Xの国内開発が可能」として、各社はそれぞれ独自の設計案をつくっていました。いずれも初期のアイディアをまとめたもので、実際の機体設計に進めるにはまだ多くの修正などが必要でした。各社のなかでもっとも研究が進んでいたのは、おそらく三菱重工業だったと思われますが、その案にしても時期によって多くの相違点がありました。ただ、以下のように基本的に共通していた要素もあります。

1. **双発機**
2. **無尾翼デルタとカナード翼の組みあわせ**
3. **双垂直尾翼**

1980年代中期には、欧米で将来戦闘機の機体構成として無尾翼デルタとカナード翼の組みあわせが盛んに研究されていたので日本でもこれに着目し、重要なテーマにしていたことがわかります。双発機というのは、航空自衛隊が強く求めていた点の1つで、エンジン故障時などの安全性を重視してのものでした。

次ページの写真は国内開発案の1つで、主翼は低翼配置に近い位置で胴体に取り付けられており、後縁が直線ではない変形デルタ翼になっています。前縁の付け根延長部は比較的面積が小さくなっています。丸味を帯びた空気取り入れ口が、前部胴体で左右に分けて付けられていますが、別の案では主翼前縁付け根の延長部を大きくし、その下の胴体左右に矩形の空気取り入れ口を配置するものもありました。

国内開発FS-X案の1つの模型。無尾翼デルタにカナード翼を組みあわせた双発機で、垂直尾翼は2枚になっている。空気取り入れ口がF-16のように前部胴体下にあるのが大きな特徴だが、胴体脇左右に配置した想像図もあった

真上から見た国内開発FS-X案の模型。主翼には前縁付け根延長部があり、前縁に切り欠き（ドッグツース）が付いている。垂直尾翼の間隔はかなり狭い。カナード翼は、パイロットの側方下側の視界をかなりさえぎっている。実用機にするにはまだまだ改修が必要であった

外国製候補機の問題点
―どの機種にも問題点が存在

1986年1月末までに、質問書に対する各社からの回答を得て評価作業に入った航空自衛隊は、**外国製候補機3機種のいずれもがFS-Xの全部の要求を完全には満たしていないと判断**しました。各機種のおもな問題点は、次のようなものでした。

- **F-16：機体が小型で単発機である。特に主翼が小さく、空対艦ミサイルを4発装着することが不可能で、仮に2発とした場合でもASM-1用のパイロンを取り付けると、前縁フラップの下げ位置がパイロンに干渉する。BVR空対空ミサイル4発の携行も困難。**
- **F/A-18A：空対艦ミサイル4発の携行能力はあるが、その形態で450浬の戦闘行動半径は得られず、航続力が不足している。BVR空対空ミサイル4発の携行能力がない。海軍向け戦闘機なので、主翼折り畳み機構や頑丈な降着装置など、陸上運用では不必要な装備があって機体重量を重くしている。**
- **トーネードIDS：空対艦ミサイル4発搭載で450浬の戦闘行動半径の要求は満たすが、BVR空対空ミサイルの運用能力がまったくない。ヨーロッパ製の戦闘機なので運用共通性（インターオペラビリティ）の面で不安がある。**

そして、「国内開発機であれば全部の要求を満たすものになり得る」との意見がでるようになって、FS-Xを独自開発機とする動きに弾みが付きましたが、ことはそう簡単には進まず、FS-X計画は**出口の見えない迷路に入り込むことになってしまった**のです。

F-16の問題点の1つは主翼が小さいことだった。このためジェネラル・ダイナミックスは「クランクド・アロー主翼を用いた開発実験機F-16XL(写真)をFS-Xのベースにできる」という案も提示した

写真提供/ジェネラル・ダイナミックス

トーネードIDSの問題点はBVR空対空ミサイルの運用能力がないことだったが、要撃型のトーネードADV (写真) にはそれがあった。このためパナビアはこの2タイプを組みあわせたFS-X向け専用型トーネードJも提案した

写真提供/BAEシステムズ

03-08

難航した決定
―海外各メーカーから改良・発展型の提案が相次ぐ

前項のとおり、「FS-Xの要求を唯一満たせるのは国内開発機」とはなったのですが、一方で国内開発機は実物のないペーパー・プランでした。これに対し外国機は、すでに完成し実用化されているものなので、「ペーパー・プランであればいくらでも要求を満たせる案にでき、それと既存機を比較するのはフェアではない」との意見が外国のメーカーからだされることとなり、各国の政府もそれをサポートしました。

このため航空自衛隊は、各機種について改良・発展型の提案も受け付けることにしました。その結果、たとえばF-16では、アメリカ空軍の新戦闘爆撃機計画であった複合任務戦闘機用に試作し、主翼にクランクド・アロー翼という大幅に面積を増やしたものを装備したF-16XLも提案機種に加えました。マクダネル・ダグラス

は、F/A-18が海軍機であることがおもな問題点と考えて、F-15をもとにFS-Xの要求にあわせるタイプを検討対象の提案に加えることにしました。トーネードのメーカーであるパナビアは、IDSにADVの空対空戦闘機能を組みあわせるハイブリッド機をトーネードJの名称で提示しました。

アメリカのメーカー2社はさらに、既存機をベースにした共同開発も提案し、防衛庁（現・防衛省）は1986年12月、調査チームをアメリカに派遣しました。そしてその報告を踏まえて、「国内開発機」を「開発機」と言い換えて、**アメリカとの共同開発も含め結論をだすことにした**のです。そして、ヨーロッパとの共同開発が困難なことから、この時点でトーネードが採用される可能性はなくなり、まず候補機種から脱落しました。

FS-Xは最終的に、写真のF-16Cブロック40/42をベースに、日米が共同開発することで決着した。写真の機体は左右の主翼下に、2,000ポンド（907kg）のJDAMであるGBU-31を搭載している。GBU-38とは異なり、弾体中央部にストレーキを有している
写真提供/アメリカ空軍

最終決定
―こだわっていた双発機ではなくなった

FS-Xは最終的に、アメリカの既存の戦闘機をベースに日米で共同開発するのがもっとも現実的となりました。そしてF-15、F-16、F/A-18の3機種の改造案が評価されることとなり、1987年10月21日、防衛庁(当時)が、「F-16を改造開発する」と発表して、ついにFS-Xは決着をみたのです。この発表ではあわせて、以下のように各案についての評価も記されていました。

- **F-15改造案:ステルス性を除いて、性能上の問題はほとんどないが、所要経費が高すぎるという難点がある。**
- **F-16改造案:開発経費、量産単価ともに安価という利点があるが、離陸性能、ステルス性など、性能上の問題点がある。**
- **F/A-18改造案:性能上の問題はほとんどないが、開発経費、量産単価とも高く、しかも艦上機であることから、これを安くできる見通しが得られない。また機体とエンジンの同時開発であるなど開発上のリスクも大きい。**

この評価で、ステルス性が取り上げられていますが、FS-X計画のスタート当初は、まだステルス性という概念はほとんど知られていませんでした。その後、アメリカでステルス機が公表されると、レーダーに対するステルス性の重要性が高く認識されるようになり、FS-Xでも考慮されるようになったのです。上記のとおりF-16の評価がもっとも高かったのは事実ですが、航空自衛隊が強いこだわりを示していた双発機でなくてもよくなった理由は示されませんでした。

小型/単発のF-16で、FS-Xの要求を満たすにはかなりの設計変更が必要だった。しかし、三菱重工業が主契約者となり、ジェネラル・ダイナミックス（現ロッキード・マーチン）などのアメリカ企業も協力して作業が進められた
写真提供/ロッキード・マーチン

開発開始から完成まで
—とりまとめは三菱重工業

紆余曲折の末に機種が決定されたFS-Xで、まず着手されたのが機体の詳細設計作業です。F-16にどのような改造を加える計画であるかは機種決定とともに明らかにされて、その概要は01-03に記したとおりです。

具体的な設計作業は昭和63（1988）年度から開始され、三菱重工業が主契約者として作業をとりまとめることになりました。三菱重工業は次期支援戦闘機設計チーム（FSET）を社内に編成し、チームにはほかの重工業やジェネラル・ダイナミックスの技術者も属しました。また装備エンジンや電子機器なども段階的に決められ、基本設計は1992年3月18日までにほぼ固まり、技術審査を受けて通過しました。

これで設計作業は一段落し、1992年から試作機の製造が着手

されました。なお、試作機の製造経費については、それよりも前の平成2（1990）年度予算から計上されていました。試作機は、飛行試験機が4機つくられることになり、ほかに地上試験用の全機静強度試験機（01号機）と全機疲労試験機（02号機）がつくられています。

最初に完成したのは飛行試験用初号機（63-0001）で、1994年12月15日に完成技術審査を受けてパスし、その後、ロールアウト（完成公開）に向けて、機体に塗装が施されました。そして12月18日に三菱重工業小牧南工場第4格納庫で式典とともにロールアウトして公開されたのです。地上試験用の01号機は1995年3月28日に、02号機は同年10月31日に、それぞれ防衛庁（現・防衛省）に納入されて試験作業に入りました。

1995年10月7日、初飛行のために離陸したF-2の試作初号機。日本では初飛行やロールアウト、初引き渡しなどのイベントは大安吉日に行われることが多いが、この日は友引だった。初飛行の日程は変更になったが、もともとの10月6日も大安ではなく先勝だった

03-11 初飛行と飛行試験初号機
—試作機に付けられた制式名称はXF-2

飛行試験用の初号機は、1995年9月12日に、三菱重工業小牧南工場に隣接する小牧飛行場（現・県営名古屋空港）で地上滑走試験を開始し、模擬離陸も含めて11回の試験を9月30日まで実施しました。この一連の試験で、飛行に向けて問題がないことが確認されたことで、10月6日に初飛行が設定されました。

しかしこの日は風が強く、初飛行での許容基準を超えてしまったため翌日に延期され、10月7日午前9時8分に離陸して**初飛行**しました。初飛行は、脚がでなくなる危険性を排除するため、脚を引き込まずに脚下げ状態で飛び続けて、38分後の9時46分に着陸しました。その後、この試作初号機は三菱重工業の社内飛行試験が続けられ、1996年3月22日、防衛庁（当時）に引き渡されました。

あわせて**試作機にはXF-2**の、**量産型にはF-2**の制式名称が与えられ、**単座型はその後に「A」**が、**複座型は「B」**が付けられることになりました。

またこの機体は、1996年2月27日には技術研究本部による完成審査を受け、翌28日に技術的妥当性が承認されて審査を通過し、3月26日に航空自衛隊基地に空輸されました。操縦は、航空自衛隊の飛行開発実験団に所属するテスト・パイロットが行いました。

飛行試験機は、航空自衛隊の飛行開発実験団で技術試験と実用試験が行われ、4機の試験機には主要な試験項目が割り振られました。初号機は、飛行性能、飛行特性、フラッター（飛行中に発生する悪性の振動）、エンジン系統などがおもに割り振られ、また初期の飛行領域の拡張作業などにも使われました。

F-2の実用化に向けての開発作業では、全部で6機の試験機が用いられた。このうち飛行試験機は4機で、残る2機は地上試験機である。地上試験機は飛行しないので、エンジンや操縦装置など飛行関連の装備は一切備えず、一方で完全な機体構造を備えている。写真は全機静強度試験機（01号機/#991号機）で、機体各部に荷重をかけ、設計どおりの強度を有しているかなどを確認するための機体である

飛行試験2号機と4号機
—4号機は複座だが後席にセンサーを満載

飛行試験２号機（63-0002）は、初号機と同様に単座のXF-2Aとして完成し、1995年12月13日に初飛行し、1996年4月26日に防衛庁に引き渡されました。この機体の飛行試験項目は、飛行性能や飛行荷重、電子戦や任務適合性、各種の系統機能など広範なものでした。

なお、試験の役割ごとにまとめたほうがよいと思われるので、先に４号機（63-0004）について記します。この機体は2機目の複座型として完成し、1996年5月24日に初飛行、1996年9月20日に納入されました。おもな飛行試験項目は射爆撃、兵装の投下火器管制装置、各種システムの任務適合性などでした。

この機体が完成したことでF-2の飛行試験機4機が全部で揃い、試験作業は加速していきました。2号機による電子戦関連の試験では、平成20（2008）年度から三次元の高精度方向探知装置も試験され、そのためのセンサーも装備しました。

4号機は前記したように複座型ですが、後席に座席や各種のシステムは装備されず、計測機器などで埋められました。このため4号機による飛行試験は、常に前席のパイロット１名により実施されました。

また、4号機は、はじめて量産型と同様のブルー系塗装が施されて完成しましたが、量産型が濃淡2色で迷彩パターンとしたのに対し、4号機は、明るいほうのブルー１色で機体全体が塗られました。4号機完成の時点では、まだ量産型の塗装が決まっていなかったからです。レドームがグレーになったのもまた、この機体が最初でした。

XF-2の飛行試験2号機。1号機とは異なり、垂直尾翼、水平尾翼、主翼の塗り分けにオレンジが使われ、胴体には青い帯が入れられた。垂直尾翼上端前縁部で黒くなっているのは、三次元高精度方向探知装置のセンサーである

XF-2の4号機。複座型のXF-2Bであるが、後席は計測機器などの搭載スペースにあてられていて、常にパイロット1名のみで飛行した

03-13 飛行試験3号機
—スピン回復シュート(SRC)を搭載

飛行試験用のXF-2は、単座型と複座型がそれぞれ2機ずつつくられることになり、3号機(63-0003)は、最初の複座型XF-2Bとして完成しました。初飛行したのは1996年4月17日で、8月8日に防衛庁に納入されました。3号機に割りあてられたおもな試験項目は、システム機能、飛行性能、フラッター、通信・航法・識別(CNI)装置、任務適合性などでした。

このなかでもスピン試験に関連して3号機は、ほかの機体とは異なる部分がありました。まず、スピン試験での安全を確保するため、後部胴体にスピン回復シュート(SRC)を装着しました。試験で機体をスピンに入れると操縦が困難になりますが、通常はスピンに入っても、操縦操作により短時間でスピンから脱出できます。しかし操縦不能状態が長くなったときは、このスピン回復シュートを開くことで機体を強制的に安定状態に戻し、操縦可能状態にするのです。その後、シュートは切り離せます。

このシュートは、3本の支柱を介して胴体最後部に取り付けられ、円筒形の容器に収められました。こうすることで、作動の確実性と良好な回復性を確保しています。

また、スピン試験では随伴機がその模様を視認・撮影するのですが、その際、「機体がどのように動いているか」がはっきりわかるようにする目的などで、機体の塗り分けを変えています。たとえば、主翼と水平尾翼の下面は白でなく赤に塗られており、水平尾翼は上面が白で翼端部だけ赤で塗り分けていました。主翼前縁付け根延長部も、下面は赤です。垂直尾翼は左側が赤、右側が白になっていました。

XF-2の3号機で、複座型XF-2Bの初号機である。スピン試験用に、主翼や水平尾翼、胴体の大部分の下面が赤で塗られた

飛行試験3号機の右側面。上の左側面は垂直尾翼が赤であるが、こちらは白で、やはりスピン試験用に左右を見分けやすくしている。後部胴体に付けられているのが、スピン回復シュート（SRC）だ

技術試験と実用試験
—技術研究本部と飛行開発実験団で分担

自衛隊向けの航空機が国内開発されると、実用化までに試験があります。この試験は、飛行試験機により大きく2種類に分けられます。

1つは、技術試験と呼ばれるものです。開発された航空機に技術的な問題がないことを確認するためのもので、ハードウェアとしての航空機の妥当性をチェックするものです。これに対して実用試験は、運用要求を満たしているか、任務遂行に問題や不足点などはないかを調べるのが目的です。

どの航空機でも、技術試験は防衛省の技術研究本部が主体となって実施し、実用試験は各自衛隊の試験部隊が作業を受けもちます。F-2は航空自衛隊向けの航空機ですので、技術試験は飛行開発実験団が担当しました。

また、F-2では技術試験と実用試験を通じ、大きく4段階に分けて作業されました。その期間とおもな内容は下記のとおりです。

- **第1段階：平成7（1995）年度第4四半期から平成8（1996）年度第3四半期：基本飛行性能の確認。**
- **第2段階：平成8（1996）年度第4四半期から平成9（1997）年度第3四半期前半：飛行性能全般および各種システムの機能の確認。飛行領域と飛行形態の拡大。**
- **第3段階：平成9（1997）第3四半期後半から平成10（1998）年度第2四半期前半：任務適合性、射爆撃性能など。**
- **第4段階：平成10（1998）年度第2四半期後半から開発完了まで：総合確認。**

F-2の飛行試験は、大きく2つに分けられた。1つは防衛省の技術研究本部による技術試験で、もう1つは航空自衛隊の飛行開発実験団による実用試験だ。この2種類の試験は、明確に区分けされたものではなかったが、試験の主体が変わることで、垂直尾翼に書かれている6桁の数字（シリアル・ナンバー）が、技術研究本部スタイルから航空自衛隊スタイルに変更された

試験で発生した問題点

—一部の問題点は運用の工夫で対応

F-2の開発試験では、墜落事故などの重大な問題は発生しませんでしたが、**改善が必要な問題点**はいくつか見つかりました。いくつか具体例を挙げます。

- **特定条件下での横転性能不足**
- **補助翼付け根部付近など、主翼の一部の強度不足**
- **発電機センサーの誤作動**
- **特定の外部搭載品携行状態でのフラッターの発生**

これらは当然、すべて解決しなければならない問題でした。このため防衛庁(現・防衛省)は1998年7月、1999年8月、同年12月の3回に渡って要改善事項を定め、その結果、開発期間を約9

カ月延長して「1998年7月に作業を完了させる」という新たな目標を定めました。しかし、実際の改善作業に遅れが生じたことから、その後、さらに6カ月間の期間延長が必要となり、実際に開発作業が完了したのは2000年6月のことでした。

ただ、判明したすべての問題を完全に解決できていたかというと、そうではありませんでした。防衛庁は開発完了にあわせて、「一部の運用形態で、運用上の工夫を要する場合がある」ことを明らかにし、また、発展・進化を続けるためのフォローアップ活動をすることも表明しました。

こうしてF-2の開発作業は終了しましたが、前記した遅れにより、量産型の引き渡し開始や実際の部隊配備など、実用化に向けての作業も影響を受けることになりました。

飛行開発実験団による実用試験の作業で編隊飛行するXF-2A。03-14で記したシリアル・ナンバーの変更は、それぞれ次のように技術研究本部の番号から航空自衛隊の番号に変更されている。XF-2Aは1号機（63-0001→63-8501）、2号機（63-0002→63-8502）。XF-2Bは1号機（63-0003→63-8101）、2号機（63-0004→63-8102）。また、垂直尾翼からは、技術研究本部を示す「TRDI」の文字がなくなっている

装備計画
―飛行教導隊やブルーインパルス向けも検討

FS-X計画がスタートした当時、日本が平時に備えておくべき防衛力を具体的に定めた「防衛計画の大綱」では、航空自衛隊の戦闘機の部隊数を、「要撃戦闘機部隊10個飛行隊」と「支援戦闘機部隊3個飛行隊」と定めていました。また、「作戦用航空機(戦闘機)は約430機」で、このうち「約100機が支援戦闘機」となっていました。

次章で取り上げる国産の超音速支援戦闘機F-1も、これにもとづいて100機を装備する計画でしたが、77機で終了しています。F-2もまた、まず支援戦闘機の所要機数である100機の装備が目標に掲げられましたが、具体的な機数を定める時点で3個飛行隊の最小所要機数を優先して、予備機を減らしました。

一方で、高等練習機T-2の後継となる訓練機や、空中戦技などを指導する飛行教導隊、さらには曲技チーム「ブルーインパルス」用も検討され、141機を装備するという計画が立てられました。内訳は、支援戦闘機部隊3個飛行隊分60機、教育用21機、飛行教導隊用8機、術科教育(整備士教育)用1機、ブルーインパルス用11機でした。

しかし、ブルーインパルス用は、使用機をT-4練習機に変更してから間もないこともあってすぐに却下されました。続いて、飛行教導隊向けが削減され、さらに2004年には「機体価格が高額」「将来の成長性に乏しい」などの理由により、98機で調達を打ち切ることが明らかにされました。さらに予算措置の結果、4機が減らされて、量産型は94機(F-2A 62機とF-2B 32機)で調達を終了しています。

こうした機数削減が可能になった背景には、F-2の事故が極めて少なく(航空自衛隊での墜落事故は0件)安全性にすぐれており、予備機を減らすことができたという点が挙げられます。

航空自衛隊に最初に引き渡された量産機は、F-2Aの3号機(03-8503)。2000年9月25日(ちなみにこの日は大安)に納入されて、10月3日に配備部隊である第3飛行隊が所在する三沢基地へ空輸された。機体の部隊配属は定期整備などのたびに変わり、写真は第8飛行隊所属時のものである

調達と引き渡しの開始
—量産初号機の引き渡しは半年遅れた

どのような航空機でもそうなのですが、航空機の開発作業が完了するとすぐに実用化することを目指します。従って、開発が完了するまで量産機の購入（調達）開始を待っていては、時間的なギャップが生じてしまいます。このため、**量産型は、開発試験作業中に発注するのが一般的**で、もちろんF-2もこの例外ではありませんでした。

F-2の量産型調達が最初に防衛予算に盛り込まれたのは平成8（1996）年度予算で、F-2A 7機とF-2B 4機の11機分の予算が認められました。これらのうち3機は平成11（1999）年度末、すなわち2000年の3月末までに納入されることになっていたのですが、開発期間の延長で遅れ、量産初号機（F-2A。03-8503）の引き渡しは、約半年遅れの2000年9月25日になりました。また、残る8機と、平成9（1997）年度発注の8機（全機F-2A）を加えた計19機は、平成12（2000）年度末までに引き渡されて、これにより発注/引き渡しのスケジュールが本来の予定に戻りました。

この最初の19機は、1機（F-2A。03-8504）を除いて、**全機三沢基地の第3航空団第3飛行隊に配備**されました。量産4号機（03-8504）は、整備士などの教育用機材として浜松基地の第1術科学校に渡されました。

なお、引き渡し初号機は、納入後すぐに配備基地である三沢基地に空輸される予定でしたが、9月25日に三沢市議会がF-2の配備延期を要求したため、防衛庁もこれを受け入れて配備延期を決めました。そして、9月29日の市長による受け入れ発表後、10月3日に初配備が行われました。

F-2は当初、支援戦闘機部隊と訓練部隊のほかにも、飛行教導隊、さらにはブルーインパルスで使用することも考えられていた。しかしこれらはともに、現用中の機体をまだまだ使い続けられるとして実現しなかった

Column 03

東北地方太平洋沖地震で被災したF-2の行方

2011年3月11日の東日本大震災にともなう津波で、松島基地は大きな被害を受け、訓練部隊である第21飛行隊に配置されていた18機のF-2Bも水没するなどしてしまいました。

当初は、そのうち比較的被害が軽微な6機を修復して再使用可能にし、12機は部品取り用として解体することが計画されました。しかし、2013年1月に、修理・再生する機数を13機に増やすよう変更され、現在その作業が進められています。

同じく松島基地を本拠とするブルーインパルスは、九州新幹線の開通記念式典で飛行展示を行うため、福岡県の芦屋基地に移動しており、チームの使用機であるT-4は被災を免れました。

東北地方太平洋沖地震で発生した津波は、松島基地をものみ込んだ。当時配備されていた18機のF-2Bが水没してしまうなどしたが、そのうちの13機は再生されることとなった
写真提供/AFP=時事

第 4 章

F-2の配備と装備部隊を知る

F-2は、戦闘機部隊3個飛行隊と訓練部隊1個飛行隊に配備されました。ここではおもなそれら各部隊について、歴史や任務などを紹介します。

第3飛行隊
—もっとも歴史が長い戦闘機飛行隊

F-2の配備を最初に受けた実戦部隊は、三沢基地に所在する第3航空団指揮下の**第3飛行隊**でした。F-2は、量産型の引き渡し開始前から最初の配備部隊に設定されていて、2000年10月2日に第3航空団の指揮下に臨時F-2飛行隊が発足し、翌3日にF-2の初配備を受けました。2001年3月27日に、第3飛行隊が機種更新を完了した形で、臨時F-2飛行隊が第3飛行隊となりました。2004年3月19日から、F-2による対領空侵犯措置任務を開始しています。

第3飛行隊は、航空自衛隊で3番目のF-86F飛行隊として1956年10月1日、浜松基地で第2航空団が編制された際、その指揮下の最初の飛行隊として発足しました。それ以前にF-86Fで編制されていた第1飛行隊と第2飛行隊は訓練部隊だったので、**航空自衛隊最初の実戦飛行隊でもあり、もっとも歴史の長い戦闘機飛行隊**です。

1956年8月24日、第2航空団は千歳飛行場への移動を完了し、

9月2日には千歳飛行場が、航空自衛隊千歳基地として開設されています。また第2航空団は、1958年2月17日に対領空侵犯措置任務を開始しています。

1963年3月2日に第3飛行隊は松島基地に移動して、その後、同基地に編制された第4航空団の指揮下に入り、さらに1964年2月1日には第81航空隊へと所属が替わり、2月3日に八戸基地に移動します。

さらに1971年12月1日には、第81航空隊の三沢基地移動にともない、第3飛行隊も三沢基地に移りました。この間にF-104の機数が増加し、飛行隊の建設が進んだことで、第3飛行隊は支援戦闘機部隊の指定を受けることとなりました。

1977年9月、第3飛行隊にF-1の配備が開始され、翌年3月31日、F-86Fからの機種更新を完了、最初のF-1飛行隊となっています。また同日付で上部組織が、第81航空隊から第3航空団に替わっています。

F-2最初の配備部隊となった、三沢基地所在の第3航空団第3飛行隊に所属するF-2A。航空自衛隊3番目の戦闘機飛行隊として編制された部隊で、現存するなかではもっとも歴史の長い戦闘機飛行隊でもある。そうしたこともあって、F-1に続いてF-2も最初に配備を受けるという栄誉を授かった

第6飛行隊
―最後までF-86Fを運用した飛行隊

F-2による3番目の飛行隊（作戦部隊の統括組織である航空総隊隷下では2番目）となったのが、福岡県の築城《ついき》基地に所在する第8航空団指揮下の**第6飛行隊**でした。

第6飛行隊は、1959年8月1日に、F-86Fによる6番目の飛行隊として千歳基地の第2航空団の指揮下で編制された部隊ですが、当初から宮崎県の新田原《にゅうたばる》基地への配備が計画されていた部隊でした。

第6飛行隊の新田原基地への移動は同年11月1日に完了しましたが、この時点で新田原基地には作戦飛行隊の上部組織となる航空団がなかったため、当初は西部航空方面隊の直轄部隊となりました。

第6飛行隊は1964年10月25日付で解散しましたが、その翌日、第6飛行隊の機材と人員により、築城基地に臨時築城派遣隊が発足します。12月8日に築城基地に第8航空団が編制されると、臨時築城派遣隊が第6飛行隊となって第8航空団の指揮下に編入されました。

1980年11月13日、第6飛行隊はF-86Fでの最後の任務飛行を行ってF-1への機種更新事業を完了し、3番目のF-1飛行隊となりました。なお、**第6飛行隊は、戦闘機部隊では最後までF-86Fを運用した飛行隊**となりました。

2004年8月に、第6飛行隊内にF-2飛行班が設置され、2006年3月9日、F-1による最後の飛行を行ってF-1の運用を終了、3月18日付で機種更新を終えてF-2飛行隊となっています。2007年3月1日に、F-2による対領空侵犯措置任務を開始しました。

築城基地所在の第8航空団第6飛行隊に所属するF-2A。F-2による3個の戦闘機飛行隊で、唯一、三沢基地以外をホームベースとしているが、これはF-1のときも同様であった。第8航空団でペアを組んでいるのはF-15J/DJ装備の第304飛行隊。F-1当時は、F-1の防空戦闘機としての能力が低かったため、第304飛行隊の負担が大きかったが、第6飛行隊がF-2に機種更新したことで解消されている

第8飛行隊
—2016年前半には第6飛行隊とペアに

航空総隊隷下でのF-2による最後の飛行隊で、第3飛行隊とともに三沢基地の第3航空団の指揮下に編制されたのが第8飛行隊です。10個飛行隊がつくられたF-86F飛行隊の8番目の部隊として1960年10月25日、松島基地の第4航空団の指揮下に新編されました。

その翌年の1961年4月25日、飛行隊は石川県の小松基地に移動して、同日に第4航空団の指揮を外れ、臨時小松派遣隊の指揮下に入りました。臨時小松派遣隊は同年7月15日に、第6航空団となっています。

第8飛行隊は続いて1964年11月28日、山口県の岩国基地に移動、今度は第82航空隊の指揮下に入りました。岩国基地は海上自衛隊管理の航空基地ということもあり、この基地への配備期間は短く、1967年12月1日、第8飛行隊は愛知県の小牧基地に移動しています。これにあわせて上部組織だった第82航空隊は閉隊され、第8飛行隊は小牧基地に所在していた第3航空団の指揮下に編入されました。

1978年に入ると第8飛行隊は、まず3月に緊急発進待機任務を終了し、青森県の三沢基地への移動作業を本格化させました。これは上部組織である第3航空団の三沢基地移動に呼応したもので、3月31日に第8飛行隊は移動を完了しています。

また、それよりも前の1973年には、支援戦闘機部隊に指定されていた第7飛行隊が訓練部隊となったことで、それに替わって支援戦闘機部隊の指定を受けています。この後の動きは、05-09をご覧ください。

三沢基地所在の第3航空団第8飛行隊に所属するF-2A。現在は第3飛行隊とのペアで、第3航空団を航空自衛隊唯一のF-2航空団にしているが、2016年前半には築城基地に移動することになっており、今度は第6飛行隊とのペアで、第8航空団をF-2航空団にすることになる

04-04 戦闘機操縦課程とは
―ファイター・パイロットの基礎を身に付ける

航空自衛隊の**戦闘機パイロットの養成課程**は、以下のように大きく4段階に分かれています。

1. ターボプロップのプロペラ機富士T-7による初級操縦課程
2. ジェット中等練習機、川崎T-4による基本操縦（T-4）前期課程
3. 基本操縦（T-4）後期課程
4. 戦闘機操縦課程

戦闘機のパイロットになるか、輸送機などの大型機やヘリコプターなど戦闘機以外のパイロットになるかは、初級操縦課程を終えた段階で決まります。また、戦闘機パイロットへの道を歩む学生の一部はアメリカで訓練を受けていますが、基本はこの4段階で、**戦闘機操縦課程はファイター・パイロットを養成する総仕上げの**

段階になっています。

戦闘機操縦課程では、長い間、国産の超音速高等練習機三菱T-2が使われてきましたが、その寿命が近づくと、また退役後は作戦部隊の機種を使って、この課程教育を行うことになりました。具体的にはF-15とF-2で、F-15の部隊としては新田原基地に飛行教育航空隊を発足させ、運用部隊として第23飛行隊を編制しました。F-2については、T-2を運用していた松島基地の第4航空団が機種を替え、その任務を続けることとされました。

F-15とF-2は、作戦部隊での任務が異なりますが、この課程教育での訓練内容は基本的に同じで、戦闘機を使い、空戦を主体としたファイター・パイロットの基礎を身に付けさせることが目的です。飛行操縦訓練時間はどちらの機種でも約100時間と、これも同じで、T-2当時からも変わっていません。

航空自衛隊のファイター・パイロット養成の最終段階が、戦闘機操縦課程である。現在は作戦機であるF-15とF-2が訓練機として使われていて、基本的には同じ内容で教育されている。写真は、F-15装備の部隊として2000年に新田原基地に編制された、飛行教育航空隊第23飛行隊の所属機。この飛行隊への配備は複座のF-15DJが基本だが、写真のような単座のF-15Jも少数使われている

第21飛行隊
—東北地方太平洋沖地震で大打撃を受けたが……

戦闘機操縦課程を任務とするF-2唯一の訓練部隊で、F-2飛行隊としては2番目に編制された飛行隊です。第21飛行隊自体は1976年10月1日、T-2による最初の訓練部隊として編制されました。上部組織は第4航空団で、1978年4月5日には姉妹飛行隊となる第22飛行隊も編制され、第4航空団は2個のT-2飛行隊による部隊となりました。その後、T-2の退役が近づいて機数が減少すると、まず2001年3月27日に第22飛行隊が閉隊され、運用寿命が残っているT-2はすべて第21飛行隊に移され、T-2による訓練が続けられました。

訓練機種をT-2からF-2に更新するときが近づくと、作戦部隊から少数のF-2Bが回され、2002年4月1日、第4航空団の指揮下に臨時教育F-2飛行隊を編制し、10月24日から学生パイロットへの教育を開始しました。

一方、第21飛行隊でのT-2の運用は、2004年3月10日に最終飛行を行って終了し、3月29日に臨時教育F-2飛行隊が第21飛行隊となり、T-2から機種更新を行った形となりました。

Column03に記しましたが、第4航空団が所在する松島基地は、2011年3月11日の東北地方太平洋沖地震にともなう津波で大きな被害を受け、そのとき基地に配置されていた18機のF-2Bにも水没などの被害がでました。これらのうち13機は、修理・修復作業が進められていますが、これがある程度進むまで第21飛行隊は、**装備航空機の少ない状態が続く**ことになります。このため現在は、三沢移動訓練隊を編制し、ほかの部隊の機体も借用して、戦闘機操縦課程の教育を実施しています。

戦闘機操縦課程教育を行っている、松島基地所在の第4航空団第21飛行隊に所属するF-2B。第21飛行隊への配備は、複座のF-2Bが基本だったが、そのほとんどが東北地方太平洋沖地震にともなう津波で被災してしまった。現在、部隊は三沢基地を拠点にして、ほかの部隊から機体を借用しながら飛行教育任務を遂行している。被災機の修理・再生がある程度進むまでは、この臨時態勢が続くことになる

Column 04

飛行開発実験団とはなにか?

航空自衛隊が装備している航空機やその装備品などについて研究・開発する組織が、岐阜県の岐阜基地に所在する飛行開発実験団です。一部の機種を除くと、航空自衛隊で運用している様々な航空機を数機ずつ装備して、装備品の追加や改良などの飛行開発任務を行っています。F-2の開発ではおもに実用試験を実施しましたが、その後の新しい搭載品の試験・研究作業を続けています。

飛行開発実験団を象徴する機種といえるのが、C-1輸送機を改造した飛行テストベッド(FTB)機です。新たに開発されたエンジンやレーダーなどの航空機装備品を搭載し、実際の飛行環境で試験や技術的な確認作業を行うために使われています。

飛行開発実験団は、様々な機種により航空機搭載品を研究・開発しているが、その任務を代表する機体が、写真のC-1飛行テストベッド(FTB)である。写真では尾部にレーザー・センサーを無力化する光波自己防御システムを装着して試験している

第 5 章

歴代の支援戦闘機を振り返る

三菱F-2は、航空自衛隊における5機種目の戦闘機です。ここでは、海からの侵攻に備えて装備された歴代の支援戦闘機について、その特徴などを振り返ることにします。

アメリカから供与されたF-86F
—F-86の対地攻撃力強化型

航空自衛隊最初の戦闘機が、ノースアメリカンF-86Fセイバーです。アメリカから180機が供与(うち45機は使用せずに返却)されたほか、300機を三菱重工業でライセンス生産しました。航空自衛隊はこれらにより10個飛行隊を編制、一部は訓練部隊でしたが、**多くは要撃戦闘を任務**としました。訓練部隊内には戦技研究班が設立されて、F-86Fはブルーインパルスの初代使用機ともなりました。

F-86自体は、高性能の昼間《ちゅうかん》ジェット戦闘機として開発されたもので、アメリカ空軍も最初の量産型**F-86A**で、まず戦闘迎撃飛行隊を編制しました。

続いて運動性を向上させた**F-86E**、その対地攻撃力強化型**F-86F**へと発展し、F-86Fの部隊では戦闘爆撃飛行隊もつくられました。いまの基準からすれば、極めて原始的な対地攻撃システムではありますが、**航空自衛隊の支援戦闘機となる素養**は有していました。

F-86Fは空対空戦闘用にAIM-9B、またはEサイドワインダーを携行でき、攻撃兵器としては500ポンド(227kg)、750ポンド(340kg)、1,000ポンド(454kg)の爆弾を各1発取り付けられるほか、弾体を火薬ではなくゼリー状の油脂にして、爆発させると大きな火炎を生じさせる焼夷爆弾(ナパーム弾と呼ばれます)も携行できました。航空自衛隊でもこれらで実用試験や爆撃訓練などを行っていました。

F-86Fは、1982年3月15日、同航空総隊司令部飛行隊所属機が退役し、航空自衛隊での運用は終わりました。

航空自衛隊最初の戦闘機、ノースアメリカンF-86Fセイバー。戦闘機としての最初の役割は要撃戦闘機であったが、戦闘機の機種が増えると、支援戦闘機という新たな任務が与えられるようになった。アメリカ空軍では戦闘爆撃飛行隊へも配備されていたので、無理のない用途変更ではあった。F-86Fはブルーインパルスの初代使用機としてもよく知られている。1981年2月8日、第35飛行隊戦技研究班はF-86Fでの最後の展示飛行を行い、3月31日にF-86Fブルーインパルスとしての任務を終えた

05-02

F-104の導入と支援戦闘機の関係
―「玉突き」でF-86Fが支援戦闘機に

1959年11月、航空自衛隊は超音速戦闘機ロッキードF-104スターファイターを新戦闘機として導入することを決定し、最終的に210機（ほかに複座型F-104DJを20機）を導入しました。

自衛隊向けのF-104Jは、NATO諸国向けの戦闘爆撃型F-104Gをベースにしたものですが、要撃戦闘機に特化させるという航空自衛隊の要求にあわせて、爆撃コンピュータなどの対地攻撃システムを簡素化し、また赤外線照準装置や慣性航法装置を取り外しています。

一方、要撃能力を高めるために、ナサールF15Jレーダー火器管制システムを搭載し、それにMH-97J自動操縦装置を組みあわせて、要撃行動の自動化など要撃作戦能力が向上しています。

航空自衛隊はF-104により7個飛行隊を編制しましたが、F-104

の配備が進むと、大量に装備していたF-86Fがまだ残っていることから、戦闘機の機数が増えすぎることになりました。

そこで、F-104Jにより必要な数の要撃戦闘部隊の数を維持しつつ、まだ使用できるF-86Fを新たな任務に使用することにしたのです。それが支援戦闘機という対地/対艦攻撃機でした。

前項で記したように、F-86Fには射爆撃機能が備わっていて、アメリカ空軍でも戦闘爆撃機として運用実績を積んでいましたから、それを日本への着上陸阻止攻撃や、敵上陸部隊と戦う陸上自衛隊に対する近接航空支援に使うことにしたのです。

こうしてF-86Fの飛行隊の一部（一時の最大数は3個飛行隊）が、その時に応じて支援戦闘飛行隊として指定されることとなりました。

航空自衛隊の2機種目の戦闘機が、「最後の有人戦闘機」ともいわれたロッキードF-104Jスターファイターである。F-104の導入により、航空自衛隊も超音速機の時代に入り、防空能力を飛躍的に高めた。F-104Jの装備が進んだことで、大量に保有していたF-86Fが余剰化し、支援戦闘機として運用することになったのである

超音速機開発の経緯
—超音速高等練習機としてT-2を計画

支援戦闘機から少し話が外れますが、戦後の一時期、日本は一切の航空活動が禁じられていました。しかし、1952年3月8日に航空機の製造活動の再開が認められると、いくつもの国内開発機の計画が誕生しました。

もっとも大がかりだったのは、1957年に研究作業が開始された旅客機YS-11で、1962年8月30日に初飛行し、1965年3月30日に実用運航が開始されました。YS-11のプロジェクトにはいくつもの問題があったことは確かですが、外国の航空会社からの採用を得るなどの成功も収めました。

YS-11に続き、航空自衛隊向けのファンジェット輸送機C-1も開発・実用化すると、次の国内開発機のターゲットは超音速機に絞られました。F-104の実用化後も、練習機は亜音速のF-86Fだったので、飛行性能に大きな開きがあり、「それを埋める超音速練習機が必要」という声も追い風になりました。

こうして1965年に防衛庁（当時）は高度10,900m以上でマッハ1.6以上の最大速度性能をもち、15,200mの上昇限度を有するなどの超音速練習機に対する要求をだし、1967年に三菱重工業が開発担当企業の指名を受けました。

こうして超音速高等練習機T-2の開発がはじまりましたが、航空自衛隊向けの製造だけでは機数が少なく、価格が割高になるという問題があり、「同じ超音速練習機であるアメリカのノースロップT-38Aタロンを輸入したほうが経済的」などの意見がでるようになりました。T-2の開発を推進するには、製造機数の増加が必要になったのです。

日本が独自に開発した超音速高等練習機三菱T-2は、戦後の中断から再開された日本の航空技術力が高いレベルになったことを示した。航空自衛隊は戦闘機操縦課程の使用機種として96機を導入し、松島基地の第4航空団指揮下に、第21飛行隊と第22飛行隊の2個飛行隊を編制して、2004年3月まで運用を続けた。写真は編隊飛行する第22飛行隊の所属機

T-2の活用
—F-86F後継の支援戦闘機を目指す

T-2の製造機数を増やす方策として考えだされたのが、「基本設計を活用して超音速戦闘機へと発展させ、退役がはじまっているF-86Fの後継支援戦闘機とする」というものでした。これならば、**練習機と支援戦闘機でそれぞれ100機ずつ程度の生産が見込めて、量産効果もでる**と考えられました。それでも、「国内開発を進めるべき」「経済性にすぐれる外国機を導入すべき」という議論は何度か蒸し返されました。

この背景の1つには、そのころ日米間の貿易収支で日本が大幅な黒字を続けていたことがありました。「アメリカから超音速練習機や同じ系列の戦闘機を購入すれば、貿易収支の不均衡の改善につながる」という政治的な思惑です。こうした議論は、1972年ごろまで繰り返されました。

　ただ、この時点ですでにT-2の開発は5年目に入っており、また量産機の調達が開始されようとしていました。「それまでの経費と努力が無駄になる」という反論がなされてこれがとおり、計画はそのまま進められることとなりました。

　紆余曲折はあったものの、**無事開発にこぎ着けたT-2**は、1971年4月28日、初号機がロールアウトして7月20日に初飛行しました。11月19日にはマッハ1.06の飛行速度を記録して、**はじめて音速を突破**しました。T-2は、レーダーや機関砲などを装備しない前期型と、レーダーや機関砲を装備して戦術訓練も可能にした後期型の2タイプが量産され、1974年7月29日に部隊使用承認が下り、松島基地への配備が開始されました。なお、前期型の通称はT-2A、後期型の通称はT-2Bでした。

「航空自衛隊向けだけではT-2の生産機数が少なく、高額になってしまう」という批判への対応策として、T-2をベースにした超音速支援戦闘機が開発されることになり、2機のT-2がその試作機にあてられた。それがFS-T2改である。写真はその最初の機体として1975年6月3日に初飛行した59-5107。機番は6月7日に初飛行したもう1機（59-5106）のほうが若い

F-1の誕生
―支援戦闘機F-1へと進化したT-2

T-2を支援戦闘機に発展させるためにつくられたのが試作機FS-T2改で、T-2の6号機と7号機があてられました。初飛行は7号機のほうが先で、1975年6月3日に進空し、6号機はその4日後の6月7日に初飛行しました。

機体の基本的な形状はT-2と同じですが、後席をつぶして電子機器の搭載スペースとし、機首にはJ/AWG-12火器管制レーダーを搭載しました。**これらは後の戦闘機である量産型F-1の基本仕様**となるものでした。

J/AWG-12火器管制レーダーは、T-2後期型が装備したJ/AWG-11を実用支援戦闘機用に改修したもので、2種類の空対空モードと1種類の空対地モード、地上マッピング・モードに加えて、ASM-1対艦ミサイル専用のモードも備えたレーダーで、捜索距離を10浬(18.5km)、20浬(27.4km)、40浬(74.1km)の3段階に切り替えられました。

ただ、目標の捕捉距離が短く、また探知や識別機能については自動化されていなかったため、その活用には熟練した技量が必要だったとされています。ほかにも、J/APR-3レーダー警戒装置、J/ASN-1慣性航法装置、J/APN-44電波高度計、J/ASQ-1兵器投下コンピュータ、J/A24G-3エアデータ・コンピュータなどを装備しました。

F-1で特筆すべき点は、着上陸部隊の母艦の攻撃も想定し、それを可能にするために、**ASM-1空対艦ミサイルがあわせて開発された**ことです。これによりF-1は、支援戦闘機という兵器システムとして完成されたのです。

FS-T2改による試験結果などから、T-2の支援戦闘機型も量産に進むこととなり、F-1が誕生した。基本型T-2との違いは、J/AWG-12火器管制レーダーや、J/APR-3レーダー警戒装置をはじめとする搭載電子機器の変更だ。これらはいずれもFS-T2改に搭載されて試験された。機体の基本設計は、T-2のものを踏襲している

500ポンド（227kg）のMk82通常爆弾の訓練弾を搭載して編隊飛行する第3飛行隊所属のF-1。F-1は航空自衛隊の戦闘機で唯一、緑系と茶系の迷彩塗装を標準にしていた戦闘機だ。そのことが、ほかの機種との任務の違いを如実に物語っていたともいえる

00-8247
247
274

F-1の実用化と問題点とは?
―技術的には画期的だが問題も多かった

FS-T2改による技術試験・実用試験と並行して、支援戦闘機型の量産型が発注され、製造されました。量産型はF-1と名付けられて、1977年2月25日、初号機は緑と明るい茶色による迷彩塗装をまとってロールアウトしました。

航空自衛隊機で、最初から迷彩塗装を施して完成したのは、このF-1がはじめてでした。初飛行は6月16日で、9月から三沢基地の第3航空団第3飛行隊へ配備され、最終的には77機を調達し3個飛行隊を編制しました。

F-1は、日本が独自に開発したはじめての超音速機で、技術的には大きな意義がありました。しかし、戦闘機として見ると、いくつかの問題を抱えていたのも事実です。1つは、主翼が小さくて薄いことから、機内燃料搭載量が少ないことです。加えて機外の搭載ステーションも少ないので、多くの兵装を搭載すると増槽を取り付けられず、戦闘行動半径が極めて小さくなってしまいました。

加えて、F-1は主翼端にサイドワインダー用の発射装置を常に装着していましたが、このために最大飛行荷重は6.5Gと小さく、常になにも装備せずクリーンな形態で運用しているT-2の7.33Gよりも悪い値になってしまいました。

また、空中戦などでレーダーを作動させながら高い飛行荷重をかけると、アンテナがロック(固定)されて動かなくなってしまう事例も起きました。パイロットにとっては、コクピット後方が電子機器室になったため壁でふさがれ、後方視界を得られないのも大きなデメリットでした。

F-1は、実用戦闘機としていくつかの問題点を抱えていたことも確かだった。その1つが、縦列複座の後席をそのまま電子機器の搭載スペースとし、コクピット周りの設計に手を加えなかったことである。座席後方に壁ができてしまい、キャノピー・フレームにバックミラーはあるものの、パイロットは十分な後方視界を得られなかった

05-07

F-4EJ改が開発されたワケ
—退役するF-1の穴埋めとして生まれた

1981年、航空自衛隊でF-15Jイーグルによる戦闘機部隊の編制がはじまると、航空自衛隊の戦闘機は要撃戦闘機がF-4EJとF-15J、支援戦闘機がF-1という構成になりました。しかし第3章で記したように、この時点ですでにF-1の後継機についての検討がはじめられていました。

また、要撃戦闘機の主体がF-15になるころには、F-4EJとの能力差が顕著になると考えられるとともに、F-1の退役開始と後継機の装備開始に、時間的なギャップが生じる可能性もでてきました。こうした様々な課題を解決するために計画されたのが、**F-4EJの寿命延長と能力向上**でした。寿命延長については、航空機構造保全プログラムと呼ばれる機体管理方式を導入することで、3,000時間だったF-4EJの寿命を5,000時間にまで延ばすこととされました。これが**F-4EJ改**です。

能力向上は、**搭載電子機器の換装を主体**とするものです。レーダーは、当時のF-16が装備していたAN/APG-66にスパロー空対空ミサイル用の機能を追加するなどしたAN/APG-66Jにし、あわせて慣性航法装置をA-10Aが装備していたAN/ASN-141(国内名称はJ/ASN-4)に変更して、航法精度を大幅に高めることにしました。コクピットの光学式照準器は、ヘッド・アップ・ディスプレー(HUD)に替わっています。

任務遂行用の中央コンピュータでは、対地攻撃機能が強化されています。加えて搭載可能兵器にはASM-1空対艦ミサイルが追加され、支援戦闘機としての運用も可能になりました。

航空自衛隊は3機種目の支援戦闘機として、1972年からF-4EJファントムIIの運用を開始したが、1980年には機体寿命の延長と能力の向上が必要と判断。こうして、レーダーを換装するなどして改修されたF-4EJ改が開発され、1991年から部隊配備が開始されている。写真は第301飛行隊所属のF-4EJ改。第301飛行隊はF-4EJ、F-4EJ改、ともに配備を受けた部隊であり、現在も新田原基地第5航空団の指揮下でF-4EJ改の運用を続けている

05-08

F-4EJ改を「つなぎ」の支援戦闘機に
—間にあわなかったF-2の開発

F-4EJ改については、昭和56（1981）年度予算から作業関連の経費が盛り込まれ、1982年から試作機をつくる試改修作業が開始されました。定期修理に入る機体が試改修機に選ばれて、改修には定期整備とあわせて約1年の作業期間を要しました。そして1984年7月17日、試改修機が初飛行したのです。

F-4EJ改は90機が改修され、3個のF-4EJ飛行隊がこのタイプに機種更新しました。05-07で記しましたが、F-4EJ改の開発目的の1つには、**F-1退役の時期とF-1後継機の実用化にギャップが生じたとき、支援戦闘機戦力が不足しないようにすること**というものがありました。

F-4EJ改にASM-1（後にASM-2も）の搭載能力がもたされたのもこのためですし、爆弾用誘導装置であるGCS-1の開発にあたっては、F-4EJ改での運用もその前提にされていました。

なお、空対空ミサイルについてはAIM-9Lサイドワインダー、AAM-3、AIM-7E/Fスパローと、F-15Jと同じものを、同じ数だけ搭載できます。ただ、ASM-1/-2の搭載ステーションが短射程空対空ミサイルと同じであるため、ASM-1/-2を搭載するとAIM-9L/AAM-3が搭載できなくなって、自衛用のWVR空対空ミサイルがなくなるという問題が生じました。

いずれにしても、1990年代の後半にF-1の減勢がはじまった時点では、まだFS-Xとして開発が進められていたF-2は実用段階にありませんでした。このため、当初予測されたとおり、**F-4EJ改を支援戦闘機部隊に配備することとなった**のです。F-4EJ改は3個飛行隊に配備され、うち1個飛行隊が支援戦闘機部隊に回されましたので、装備した飛行隊の数は3個隊になります。そして、現在も2個隊が残っています。

F-4EJ改の開発に際してテーマの1つとされたのが、空対艦ミサイルの運用能力を与えることであった。これはFS-Xの作業に遅れがでると、F-1の退役時期に間にあわなくなる可能性があるからである。支援戦闘機戦力に穴を空けないための対策であった。そして、この不安は現実のものとなったのである。写真は、左右主翼下にASM-2を搭載して試験するF-4EJ改

F-4EJ改の支援戦闘機部隊
—唯一の飛行隊はF-2に更新済み

F-4EJ改は、新田原基地の第5航空団第301飛行隊、那覇基地の第83航空隊第302飛行隊（現在は百里基地の第7航空団指揮下に移動）、小松基地の第6航空団第306飛行隊に配備されました。しかし前項で記した理由から、このうち1個飛行隊を支援戦闘機部隊とすることになり、第306飛行隊が選ばれました。

第306飛行隊がF-4EJ改飛行隊となったのは1989年11月でしたが、1997年3月18日に第306飛行隊はF-15飛行隊に変わりました。第306飛行隊で使われていたF-4EJ改は三沢基地に送られて、同基地に所在していた第8飛行隊が装備機種をF-1からF-4EJ改に変更し、F-4EJ改による唯一の飛行隊が誕生したのです。第8飛行隊は、1980年2月29日にはF-1への機種更新を完了してF-86Fの運用を終了し、2番目のF-1飛行隊になっていました。第306飛行隊が三沢基地に移動したのは、1997年3月17日のことでした。

その後の動きをまとめて記すと、2007年に第8飛行隊内にF-2準備班が編制され、受け入れ態勢を整えました。実際に機体が配備されると2008年4月1日にはF-2準備班がF-2飛行班となり、2009年3月26日に、F-4EJ改からの機種更新を終えています。これにより、F-2の部隊配備計画が完了しました。なお、第8飛行隊のF-2による対領空侵犯措置任務は、2010年3月3日に開始されています。航空自衛隊は、F-4EJ改の後継戦闘機として、ロッキード・マーチンF-35AライトニングⅡの採用を決め、調達を開始しました。ただ、F-35の飛行隊編制は平成29（2017）年度から開始される予定なので、F-4EJ改の運用はまだしばらく続きます。

編隊離陸する第8飛行隊所属のF-4EJ改。F-1の退役が進むと、小松基地でF-4EJ改を装備していた第306飛行隊がF-15J/DJに機種更新し、小松基地のF-4EJ改を三沢基地に移して、第8飛行隊がF-1からF-4EJ改に機種更新された。こうして第8飛行隊は、F-4EJ改による唯一の支援戦闘機部隊となった。第8飛行隊がF-2に機種を変えたあと、支援戦闘機部隊となったF-4EJ改飛行隊はない

略号解説

A

ACF（エー・シー・エフ：Air Combat Fighter）：空戦戦闘機。アメリカ空軍の戦闘機計画名で、F-16を採用した計画。

ADF（エー・ディ・エフ：Air Defense Fighter）：F-16を、アメリカ州兵航空隊による本土防衛任務に適するようにしたタイプ。

ADI（エー・ディ・アイ：：Attitude/Director Indicator）：姿勢方位指示。MFD表示画面のフォーマットの1つで、機体の姿勢情報などを示すもの。

ADV（エー・ディ・ブイ：Air Defense Variant）：防空型。パナビア/トーネードの1タイプで、防空・制空を主任務とするもの。

AESA（エー・イー・エス・エー：Active Electronic Scanned Array）：アクティブ電子走査アレイ。複数のアンテナ素子と位相変換器で構成されたアンテナで、個々の位相変換器に独立した送受信機が付いているもの。アクティブ・フェイズド・アレイと同義。

AIFF（エー・アイ・エフ・エフ：Advanced Identification Friend or Foe）：発達型敵味方識別装置。能力や機能を向上させた新しい敵味方識別装置。

AMRAAM（アムラーム：Advanced Medium Range Air-to-Air Missile）：発達型中射程空対空ミサイル。欧米の空軍で標準装備されている、アクティブ・レーダー誘導法式を使った空対空ミサイル。制式名称はAIM-120。

AVTR（エー・ブイ・ティ・アール：Airborne Video Tape Recorder）：空中ビデオ・テープレコーダー。ヘッド・アップ・ディスプレーの表示画像を録画する装置。

B

BVR（ビー・ブイ・アール：Beyond Visual Range）：視程外射程。空対空ミサイルで、目視距離外の目標を攻撃できる射程を有するもののこと。

C

CA（シー・エー：Control Augmentation）：操縦増強。CCV機能の1つで、操縦操作に対して最適な反応を得るためのモード。

CCIP（シー・シー・アイ・ピー：Common Configuration Implementation Program）：共通仕様履行プログラム。F-16C/Dのブロック50/52とブロック40/42の機体仕様を同一化し、同じ作戦能力をもたせるようにする改修作業の計画名。

CCV（シー・シー・ブイ：Control-Configured Vehicle ）：運動能力向上機。カナード翼の装備や飛行操縦ソフトウェアの機能により、従来の航空機ではできなかった動きを可能にする航空機。

CFRP（シー・エフ・アール・ピー：Carbon Fiber Reinforced Plastic）：炭素繊維強化プラスチック。炭素繊維を使用した複合材料で、F-2では主翼などの機体の一次構造部にも使用されている。

CMD（シー・エム・ディ:Counter Measures Dispenser）:対抗手段散布装置。チャフやフレアの散布装置。

CNI（シー・エヌ・アイ:Communication, Navigation, Identification）:通信・航法・識別装置の総称。

D

Dy（ディ・ワイ:Decoupled Yaw）:CCV機能の1つで、機体を傾けずに飛行経路を変更するモード。

E

ECCM（イー・シー・シー・エム:Electronic Counter-Counter Measures）:対電子妨害。敵の電子妨害（ECM）活動を無力化させる機能。

ECM（イー・シー・エム:Electronic Counter Measures）:電子妨害装置。相手の電子機器類に対して、妨害電波をだすなどすること。

ESM（イー・エス・エム:Electronic Support Measures）:電子支援装置。電子戦活動を補佐する装置類。電波の探知などを行うもの。

EWC（イー・ダブリュ・シー:Electronic Warfare Controller）:電子戦制御装置。統合電子戦システムを総合的に制御する装置。

F

FLIR（フリア:Forward-Looking Infra-Red）:前方監視赤外線装置。目標と周囲の温度差を検出し、画像情報として提供するセンサー。

FSET（エフ・セット:FS Engineering Team:次期支援戦闘機設計チーム）:F-2の設計を行うために三菱重工業内につくられた企業横断のチーム。

FS-X（エフ・エス・エックス:Fighter Support eXperimental）:次期支援戦闘機。三菱F-1の後継となる支援戦闘機の装備計画名。F-2が開発されることとなった。

FTB（エフ・ティ・ビー:Flying Test Bed）:飛行テストベッド。エンジンや装備品を飛行試験するための航空機。既存機を改修してあてることが多い。

G

GPS（ジー・ピー・エス:Global Positioning System）:全地球測位システム。衛星を使った航法装置で、GPS衛星からの電波をとらえて位置を把握する。

H

HARM（ハーム:High speed Anti-Radiation Missile）:高速対電波源ミサイル。レーダー陣地の攻撃などに使用するミサイルで、発信されているレーダー電波の送信源に向かう。

HOTAS（ホタス：Hands On Throttle And Stick）：操縦桿とスロットル・レバーから手を離すことなく、兵器の選択やレーダー・モードの切り替え、照準操作など多くのシステムを操作できるようにした方式。

HSI（エッチ・エス・アイ：Horizontal Situation Indicator）：水平状況指示。MFDの表示フォーマットの1つで、方位をはじめ、航法情報などを示す。

HTS（エッチ・ティ・エス：HARM Targeting System）：HARM目標指示装置。HARMミサイルに対し、攻撃目標を定めて指示するポッド式の装置。

HUD（ハッド：Head-Up Display）：パイロットの目の前にある投影式の表示装置で、飛行情報や照準情報などが表示される。

I

ICP（アイ・シー・ピー：Integrated Control Panel）：統合型操作パネル。単座型および複座型の前席にある、複合機能をもたせた操作パネル。

IDS（アイ・ディ・エス：InterDiction-Strike）：阻止・攻撃。パナビア・トーネードの1タイプで、対地/対艦攻撃などを主任務とするもの。

IEWS（アイ・イー・ダブリュ・エス：Integrated Electronic Warfare System）：統合電子戦システム。電子戦用の各種機器類を統合化したシステム。

IFTS（アイ・エフ・ティ・エス：Internal FLIR and Targeting System）：内蔵型前方監視赤外線目標指示装置。F-16E/Fの機首上部に装備されている、赤外線による目標捜索・追跡装置。

ILS（アイ・エル・エス：Instrument Landing System）：計器着陸装置。計器の指示に従うだけで着陸を可能にする装置。

IR-CCD（アイ・アール・シー・シー・ディ：Infra-Red Charge Coupled Device）：赤外線画像方式および画像処理。目標を赤外線方式により探知し画像として認識するセンサー。

IRR（アイ・アール・アール：Integral Rocket Ramjet）：統合型ロケット・ラムジェット。ロケット・モーターとラムジェット・エンジンを組みあわせた推進装置。

IRS（アイ・アール・エス：Inertial Reference System）：慣性基準装置。慣性航法装置のジャイロをリング・レーザー式にして精度を高めた航法装置。

J

JDAM（ジェイダム：Joint Direct Attack Munitions）：統合直接攻撃弾薬。全地球測位システム（GPS）を使用した精密誘導爆弾。

L

L-JDAM（エル・ジェイダム：Laser-JDAM）：レーザーJDAM。JDAMにレーザー誘導システムを加えた精密誘導爆弾。

LANTIRN（ランターン：Low Altitude Navigation and Targeting Infra-Red for Night）：夜間低高度航法および目標指示赤外線。戦闘機による夜間の低高度飛行や精密攻撃行動を可能にする2本1組のポッド式装置。

M

ME（エム・イー：Maneuver Enhancement）：運動性強化。CCV機能の1つで、引き起こし応答を迅速化するモード。

MFD（エム・エフ・ディ：Multi-Function Display）：多機能表示装置。テレビ画面の表示装置で、パイロットの選択により各種の情報を切り替え表示できる。F-2ではカラー液晶を使用。

MLC（エム・エル・シー：Maneuver Load Control）：運動荷重制御。CCV機能の1つで、揚力と抗力の比率と旋回性を向上させるモード。

MLU（エム・エル・ユー：Mid-Life Update）：寿命中近代化。西ヨーロッパ諸国による、戦闘機の運用期間中に実施する能力向上作業の名称。

MRCA（エム・アール・シー・エー：Multi-Role Combat Aircraft）：多用途戦闘航空機。パナビア・トーネードの開発計画名。

N

NACF（エヌ・エー・シー・エフ：Navy Air Combat Fighter）：海軍空戦戦闘機。アメリカ海軍の戦闘機計画名で、F/A-18を採用した計画。

NATO（ナトー：North Atlantic Treaty Organization）：北大西洋条約機構。西ヨーロッパおよび北米諸国による軍事協力同盟の機構。

O

OBOGS（オボグス：On-Board Oxygen Generating System）：機上酸素発生装置。飛行中に乗員用の酸素を生成する。

R

RACR（レイカー：Raytheon Advanced Combat Radar）：レイセオン先進戦闘レーダー。レイセオンがF-16C/Dの換装用に提案しているAESAレーダー。韓国が換装を決定。

RSS（アール・エス・エス：Relaxed Static Stability）：静安定劣化。CCVの機能の1つで、安定性を自動的に補償することで運動能力を向上させるためのモード。

RWR（アール・ダブリュ・アール：Radar Warning Receiver）：レーダー警戒受信機。照射されたレーダー電波を探知し、警報をだす装置。

S

SABR（セーバー：Scalable Agile Beam Radar）：スケーラブル敏捷ビーム・レーダー。アメリカと台湾が採用。ノースロップ・グラマンがF-16C/Dの換装用に提案しているAESAレーダー。

SEAD（シード：Suppression of Enemy Air Defense）：敵防空の制圧。敵の警戒監視レーダーや地対空ミサイルなどの防空網を破壊する攻撃任務。

SMS（エス・エム・エス：Store Management System）：機外搭載品の管理で、MFDの表示内容の1つ。

SRC（エス・アール・シー：Spin Recovery Chute）：スピン回復シュート。スピン状態から脱出するための安全傘。飛行試験機XF-2の3号機が装備。

T

TACAN（タカン：TACtical Air Navigation）：戦術航空航法装置。TACAN局が発する電波をとらえて局の方向と距離を得ることで自分の位置を把握する。

V

VISTA（ビスタ：Variable-stability In-flight Simulator Test Aircraft）：可変安定性飛行シミュレータ試験機。F-16を使った運動性向上研究機の1つ。

VOR（ブイ・オー・アール：VHF Omni directional Range）：超短波無指向性全方位無線標識。VHF帯の無線電波を全周（360度）に発信することで、あらゆる地点から発信局を割りだせる航法援助施設と、それを使った航法のこと。

W

WVR（ダブリュ・ブイ・アール：Within Visual Range）：視程内射程。空対空ミサイルで、接近した戦闘で使用するもの。

《参考文献》

ムック、雑誌

『戦闘機年鑑』（各年版）　青木謙知/著（イカロス出版）
『月刊軍事研究』各号　（ジャパン・ミリタリー・レビュー）
『月刊航空ファン』各号　（文林堂）
『月刊Jウイング』各号　（イカロス出版）
航空ジャーナル1981年1月号臨時増刊『三菱F-1』　（航空ジャーナル社、1981年）
航空ジャーナル1987年2月号臨時増刊『21世紀への戦闘機』　（航空ジャーナル社、1987年）
エアワールド1993年1月号別冊『FS-X 次期支援戦闘機』　（エアワールド社 、1993年）
イカロスムック 世界の名機シリーズ『F-16ファイティング・ファルコン』　（イカロス出版、2010年）
イカロスムック 自衛隊の名機シリーズ『航空自衛隊F-2 最新版』　（イカロス出版、2014年）

書籍

『軍用機ウエポン・ハンドブック』　青木謙知/著（イカロス出版、2005年）
『自衛隊戦闘機はどれだけ強いのか』　青木謙知/著（SBクリエイティブ、2010年）

※そのほか、航空自衛隊をはじめとする各機関・各社の資料・ホームページを参考にさせていただきました。

索　引

サイエンス・アイ新書 発刊のことば

science·i

「科学の世紀」の羅針盤

20世紀に生まれた広域ネットワークとコンピュータサイエンスによって、科学技術は目を見張るほど発展し、高度情報化社会が訪れました。いまや科学は私たちの暮らしに身近なものとなり、それなくしては成り立たないほど強い影響力を持っているといえるでしょう。

『サイエンス・アイ新書』は、この「科学の世紀」と呼ぶにふさわしい21世紀の羅針盤を目指して創刊しました。情報通信と科学分野における革新的な発明や発見を誰にでも理解できるように、基本の原理や仕組みのところから図解を交えてわかりやすく解説します。科学技術に関心のある高校生や大学生、社会人にとって、サイエンス・アイ新書は科学的な視点で物事をとらえる機会になるだけでなく、論理的な思考法を学ぶ機会にもなることでしょう。もちろん、宇宙の歴史から生物の遺伝子の働きまで、複雑な自然科学の謎も単純な法則で明快に理解できるようになります。

一般教養を高めることはもちろん、科学の世界へ飛び立つためのガイドとしてサイエンス・アイ新書シリーズを役立てていただければ、それに勝る喜びはありません。21世紀を賢く生きるための科学の力をサイエンス・アイ新書で培っていただけると信じています。

2006年10月

※サイエンス・アイ（Science i）は、21世紀の科学を支える情報（Information）、知識（Intelligence）、革新（Innovation）を表現する「i」からネーミングされています。

SB Creative

science·i

サイエンス・アイ新書

SIS-303

http://sciencei.sbcr.jp/

F-2の科《か》学《がく》

知《し》られざる国《こく》産《さん》戦《せん》闘《とう》機《き》の秘《ひ》密《みつ》

2014年4月25日　初版第1刷発行
2014年6月10日　初版第2刷発行

著　　者　青《あお》木《き》謙《よし》知《とも》
写　　真　赤塚《あかつか》 聡《さとし》
発 行 者　小川 淳
発 行 所　SBクリエイティブ株式会社
〒106-0032　東京都港区六本木2-4-5
編集：科学書籍編集部
03(5549)1138
営業：03(5549)1201
装丁・組版　株式会社ビーワークス
印刷・製本　図書印刷株式会社

ISBN 978-4-7973-7459-9

SB Creative